Urs Ramseyer Reis · Konsequenzen des Geschmacks

Urs Ramseyer

Reis

Konsequenzen des Geschmacks

Gemeinsam herausgegeben mit der
Gesellschaft zur Förderung
der Partnerschaft
mit der Dritten Welt

und dem Museum für Völkerkunde
und Schweizerischen Museum
für Volkskunde Basel

Edition diá

Wir danken Vittorio Delucchi vom Institut für Phytomedizin der Eidgenössischen Technischen Hochschule Zürich, Beate Engelbrecht, Anne Hoffmann, Peter Horner, I Dewa Ayu Putu, I Gusti Lanang Gita und I Ketut Nitia in Sidemen auf Bali, Peter Kretzen, der Lembaga Ilmu Pengetahuan Indonesia (LIPI) in Jakarta, Madeleine Ramseyer-Grüter, der Schweizerischen Propagandastelle für die Förderung des Reiskonsums RISO in Bern, dem Schweizerischen Nationalfonds zur Förderung der wissenschaftlichen Forschung in Bern, Astrid Sievers, Gerd Simon, Rolf Steppacher und der Universitas Udayana in Denpasar auf Bali, die in der einen oder anderen Form mitgeholfen und zum Entstehen dieses Buches beigetragen haben.

1. Auflage September 1988
Originalausgabe

Umschlagentwurf: Hans-Peter Kaeser, Typograf ASG/SWB, CH-9000 St. Gallen
unter Verwendung einer Fotografie von Rainer Zenz, D-5600 Wuppertal
Gestaltung: Rainer Zenz, D-5600 Wuppertal
Lektorat: Hans-Jürgen Tunze, D-5067 Kürten
Satz: Plambeck & Co, D-4040 Neuss
Offsetlithos: Maurmann, D-5600 Wuppertal
Herstellung: Druckwelle, D-5600 Wuppertal
ISBN 3-905482-43-6

Bitte fordern Sie unser Gesamtverzeichnis an:
Edition diá, Postfach 47, CH-9013 St. Gallen
Edition diá, Wiener Platz 2, D-5000 Köln 80

Inhalt

Vorwort

Reis gehört zu den wichtigsten Nutzpflanzen der Erde: Die Hälfte der Menschheit ernährt sich von ihm. *Oryza sativa* lautet die botanische Bezeichnung des Getreidegrases, das zusammen mit drei anderen Getreiden – Weizen, Mais und Hirse – zu den unverzichtbaren Grundnahrungsmitteln des Menschen zählt. Für eineinhalb Milliarden Asiaten ist Reis die Lebensgrundlage, das "tägliche Brot" und oftmals auch die einzige Erwerbsquelle.

98 Prozent der Reis-Weltproduktion werden in Ländern der sogenannten Dritten Welt für den Eigenbedarf erzeugt, nur 2 Prozent in den westlichen Anbaugebieten der USA und Europas. Die mit Abstand wichtigsten Reisbaugebiete liegen in Süd-, Südost- und Ostasien und produzieren rund neun Zehntel der Weltmenge.

Die gesamte Weltproduktion von 467,1 Millionen Tonnen unbearbeitetem, gespelztem Reis (1986/87) macht zwar nur ein Viertel aller geernteten Getreide aus. Doch wird dieses Viertel nahezu ausschließlich für die menschliche Ernährung gebraucht. Reis ist eine Frucht zum Nutzen der Menschheit, ist nicht Tierfutter.

In den traditionellen Reisbaugebieten Asiens ist Reis in ernährungsphysiologischem und wirtschaftlichem Sinne die lebensstiftende und lebenserhaltende Nutzpflanze par excellence. Doch Reis ist mehr. Sein Anbau und seine Wachstumsphasen bestimmen vielfach auch die Arbeitsteilung zwischen Männern und Frauen und die Formen gesellschaftlicher Organisation. Der Respekt, den der Mensch der Reispflanze und dem Reiskorn zollt, findet Ausdruck in Mythen, Glaubens- und Wertvorstellungen und in Ritualen, mit denen die Lebensstadien der "göttlichen" Reispflanze von der Aussaat bis zur Ernte markiert werden. Reisbau ist Kultur in der doppelten Bedeutung von *cultura* und *cultus*, von Anbau und Verehrung.

In vielen asiatischen Sprachen ist der Begriff "essen" gleichbedeutend mit "Reis essen", Reis gilt als Nahrung schlechthin. Reis ist Leben: Er ermöglicht menschliches Leben in physiologischer Hinsicht und ist zugleich Teil des allumfassenden Lebens, der kosmischen Ordnung und der beseelten Natur, als deren Teil sich auch der Mensch versteht. Wer von dem Glaubensgrundsatz geprägt, sich die Erde untertan machen zu müssen, in solche Lebenszusammenhänge eingreift, steigert zwar Erträge und Gewinne im Interesse eines wie auch immer definierten wirtschaftlichen Fortschritts; er verändert damit jedoch – bewußt oder unbewußt – Produktionsweisen, schafft neue Macht- und Herrschaftsverhältnisse, neue Abhängigkeiten zwischen Mann und Frau, Arm und Reich, stößt jahrhunderte- oder jahrtausendealte kulturelle Ordnungen und soziale Selbstverständlichkeiten um, zerbricht Glaubensinhalte und Fundamente menschlicher Identität.

Es gibt Fachbücher über Reispflanzen, Reisbau und tropische Anbausysteme und eine umfangreiche Literatur über die wirtschaftliche Bedeutung neuer Reiszüchtungen und verbesserter Anbaumethoden im Rahmen der staatlichen Landwirtschaftspolitik asiatischer Länder. Das vorliegende Buch ist als Begleitpublikation zu einer völkerkundlichen Ausstellung über den Reisbau und die Reisrituale in Indonesien entstanden. Die Ausstellung "Reis ist Leben. Agrarkultur und Landwirtschaft in Indonesien" ist bis 1991 im Museum für Völkerkunde in Basel zu sehen. Sie stellt weniger die ökonomischen Gesichtspunkte des Reisbaus in den Vordergrund als vielmehr die agrarkulturellen, die weniger bekannt sind, da ihnen in den Entwicklungsstrategien und Fortschrittsleitbildern der national und global denkenden Planer kaum Platz eingeräumt wird.

Agrarkulturen sind ganzheitliche Gebilde, in denen soziale, religiöse, ethisch-moralische, technologische und auch wirtschaftliche Komponenten wie in einem Räderwerk ineinanderspielen. Landwirtschaft hingegen ist Teil eines umfassenderen wirtschaftspolitischen Programms und einer Politik, die großräumig denkt und handelt und dabei die kleinräumige Regionalität der Agrarkulturen häufig ignoriert oder als fortschrittshemmend ablehnt.

Die agrarkulturelle Bedeutung des traditionellen Reisbaus und die Konsequenzen landwirtschaftlicher Eingriffe werden auf den folgenden Seiten am Beispiel Indonesiens aufgezeigt. Darüber hinaus werden Fragen der Herkunft, der Geschichte und der weltweiten Verbreitung des Reises erörtert. Wer sich für die Biologie der *Oryza sativa* interessiert, erfährt zudem viel Wissenswertes über Gattung und Varietäten sowie über gestaltliche und physiologische Merkmale der Reispflanze. Schließlich werden auch die typischen Reisanbausysteme der Tropen und – in diesem Zusammenhang – der stark problematisierte Wander- oder Brandrodungsfeldbau in tropischen Waldgebieten zur Sprache kommen.

Die Herkunft

Versucht man, den Ursprüngen der Reiskultivierung nachzugehen, so gerät man auf seinen gedanklichen Streifzügen in nahezu alle Gebiete des feuchtheißen Tropengürtels. Die Beweisführung der Botaniker führt uns zunächst an die ursprünglichen Standorte der wilden Reisarten in Asien, Afrika, Südamerika und Australien, die zumindest theoretisch als Zentren einer allmählichen planvollen Züchtung in Frage kämen. Von allen bekannten Wildformen sind jedoch nur zwei mit andauerndem Erfolg kultiviert worden: *Oryza sativa*, der "gemeine Reis", der heute die halbe Menschheit ernährt, und *Oryza glaberrima*, der "rote Reis", der im mittleren Niger-Delta seinen Ursprung und sein Hauptverbreitungsgebiet hat und heute immer mehr durch die asiatischen Varietäten der *Oryza sativa* ersetzt wird.

Fachleute haben das asiatische Ursprungszentrum der Reispflanze über lange Zeit hinweg in den flachwelligen Gebirgsausläufern Assams, Nord-Birmas, Nord-Thailands, Südwest-Chinas und Nord-Vietnams vermutet. Neuere archäologische Erkenntnisse deuten auf ein Ursprungsgebiet und Ausbreitungszentrum im heutigen Süd-China hin, das auch in ökologischer Hinsicht optimal für den Reisbau geeignet ist.

Die gegenwärtig ältesten Belege von kultiviertem Reis stammen aus der Gegend des Yangzi-Deltas, in der nicht-chinesische Völker und Stämme vor rund 7000 Jahren das unscheinbare Rispengras als erste mit System anbauten. Der in jüngeren Ausgrabungen entdeckte Reis wird von den Fachleuten auf 5005 vor Christus datiert, entspricht dem *indica*-Typus der *Oryza sativa* und unterscheidet sich deutlich von den in diesem Gebiet verbreiteten Wildformen.

Die Erfindung des Reisbaus geht also unmöglich auf die chinesische Hochkultur zurück, die sich erst gegen Ende des ersten Jahrtausends über das Yangzi-Becken hinaus in den Süden auszudehnen begann. Bis zu diesem Zeitpunkt lebten in den damals dicht bewaldeten Gebieten Süd-Chinas Yao, Miao sowie tibeto-birmanische, austro-asiatische und malayo-polynesische Volksgruppen, unter ihnen auch die ersten Reisbauern der Geschichte. Typische Talsiedler mit Reisbau in Naßfeldern waren die Chuang-Völker, die zu den Trägern der Tai-Kultur gehörten.

Ausgesprochene Reisbauern waren aber auch die austronesisch sprechenden Yüeh-Völker. Diese wurden seit dem 3. Jahrhundert vor Christus von den stark expandierenden Han-Chinesen entweder in gebirgige Rückzuggebiete abgedrängt – nach Tongking und Annam, dem Gebiet des heutigen Vietnam -, oder wanderten in den südostasiatischen Archipel aus. Vom 3. Jahrhundert unserer Zeitrechnung an finden die Yüeh in den chinesischen Quellen keine Erwähnung mehr. Ihr reiches Wissen und ihre Erfahrung im Brandrodungs- oder Naßfeldbau haben sich jedoch im indonesischen Archipel bis auf den heutigen Tag erhalten können. Die mit Auslegerbooten aus Süd-China und Hinterindien einwandernden Reisbauern bildeten fortan, zusammen mit alteingesessenen Knollenpflanzern, die altindonesische Basis der indonesischen Hindureiche, die den alten Reisbau übernahmen und die mit ihm verbundenen Rituale hinduisierten.

Das intensive asiatische Naßreis-Anbausystem, das auch für die wichtigsten Reisbaugebiete Indonesiens – Java, Madura und Bali – bestimmend geworden ist, ist eine Folge des kulturellen Austauschs der prächinesischen Bevölkerungen Süd-Chinas mit den Han-Chinesen, die intensive Anbaumethoden aus den Hirse- und Weizengebieten des Nordens über den Yangzi hinaus in den Süden brachten und sie dort mit dem vergleichsweise einfachen Trocken- und

Naßfeldbau der nicht-chinesischen Völker und Stämme verbanden. Durch Fruchtfolgen, Zwischensaaten, neue Methoden der Düngung und vor allem den Einsatz des rindergezogenen Pflugs konnte insbesondere der Naßreisbau als künstlicher Bewässerungsfeldbau auf eine neue technische und wirtschaftliche Stufe gebracht werden.

Der von Büffel- und Rinderpaaren gezogene Pflug mit Grindel, Pflugschar und Sterz, der für den intensiven Naßreisbau typisch geworden ist, wird in China erstmals unter dem Herrscher Wu Di (140 bis 87 vor Christus) erwähnt. Auf einem Grabrelief der östlichen Han-Dynastie ist ein Paarpflug mit Zugrindern unter einem Fries mit Hirsehalmen abgebildet. Die Darstellung ruft in Erinnerung, daß zwischen Pflug und Reisbau kein ursächlicher Zusammenhang besteht. Der Paarpflug mit Zugrindern unter einem Querjoch ist zweifellos aus dem Kerngebiet des chinesischen Siedlungs- und Kulturraums, aus der bevölkerungsreichen Ebene des Gelben Flusses und den Provinzen Shaanxi und Henan, in denen von altersher Hirse im Trockenfeldbau angebaut wurde, in die Reisbaugebiete des Südens gelangt.

Nachdem die Reisforscher lange an ein Ursprungszentrum der Reiskultivierung im nordöstlichen Hinterindien geglaubt hatten, wird man sich nach neueren Erkenntnissen die Frage stellen müssen, wann sich der Reisbau und die Reisbautechnologien vom Yangzi-Flußdelta aus in die Obere Yangzi-Region (Sichuan), die Südwestregion (Yunnan) und über das nördliche Hinterindien nach Indien ausgebreitet haben. Die ursprünglichen Datierungen der in Tonscherben enthaltenen Reisspelzen von Non Nok Tha in Nordost-Thailand, die zunächst ein sensationell frühes Alter ergaben (vor 3500 vor Christus), sind nach neueren Datierungen nicht mehr haltbar. Nach den Ausgrabungen von Ban Chiang darf man aufgrund der Funde versteinerter Pflanzen davon ausgehen, daß Samen der kultivierten Reispflanze und Techniken des Reisanbaus vor vier- bis viereinhalbtausend Jahren aus den Sumpfgebieten des südlichen China auch in die nördlicher gelegenen Nicht-Sumpfgebiete gelangt waren.

Bali: Reisterrassen

Bis vor einiger Zeit wurde auch Indien als ursprüngliches Zentrum der Reiskultivierung betrachtet, solange wenigstens, wie angebliche Reisfunde der Harappa-Kultur mit 1800 vor Christus die älteste Datierung aufweisen konnten. Inzwischen hat sich allerdings gezeigt, daß der sogenannte Harappa-Reis nicht der Gattung *Oryza* zuzurechnen und daß *Oryza sativa* erst seit 1500 vor unserer Zeitrechnung nachweisbar ist. Der Name "Reis" taucht bereits in der heiligen Schrift der Inder auf, dem Atharva-Veda, das zwischen 1000 und 800 vor Christus entstanden sein soll. Hier wird auf verschiedene Reisgerichte eingegangen, die den Gottheiten als Opfergaben dargebracht wurden. Das Reiskorn trägt unterschiedliche Namen, je nachdem, ob es bespelzt, entspelzt, gekocht oder geröstet verwendet wurde.

Oryza sativa: Ursprungsgebiete und Verbreitung in vorchristlicher Zeit

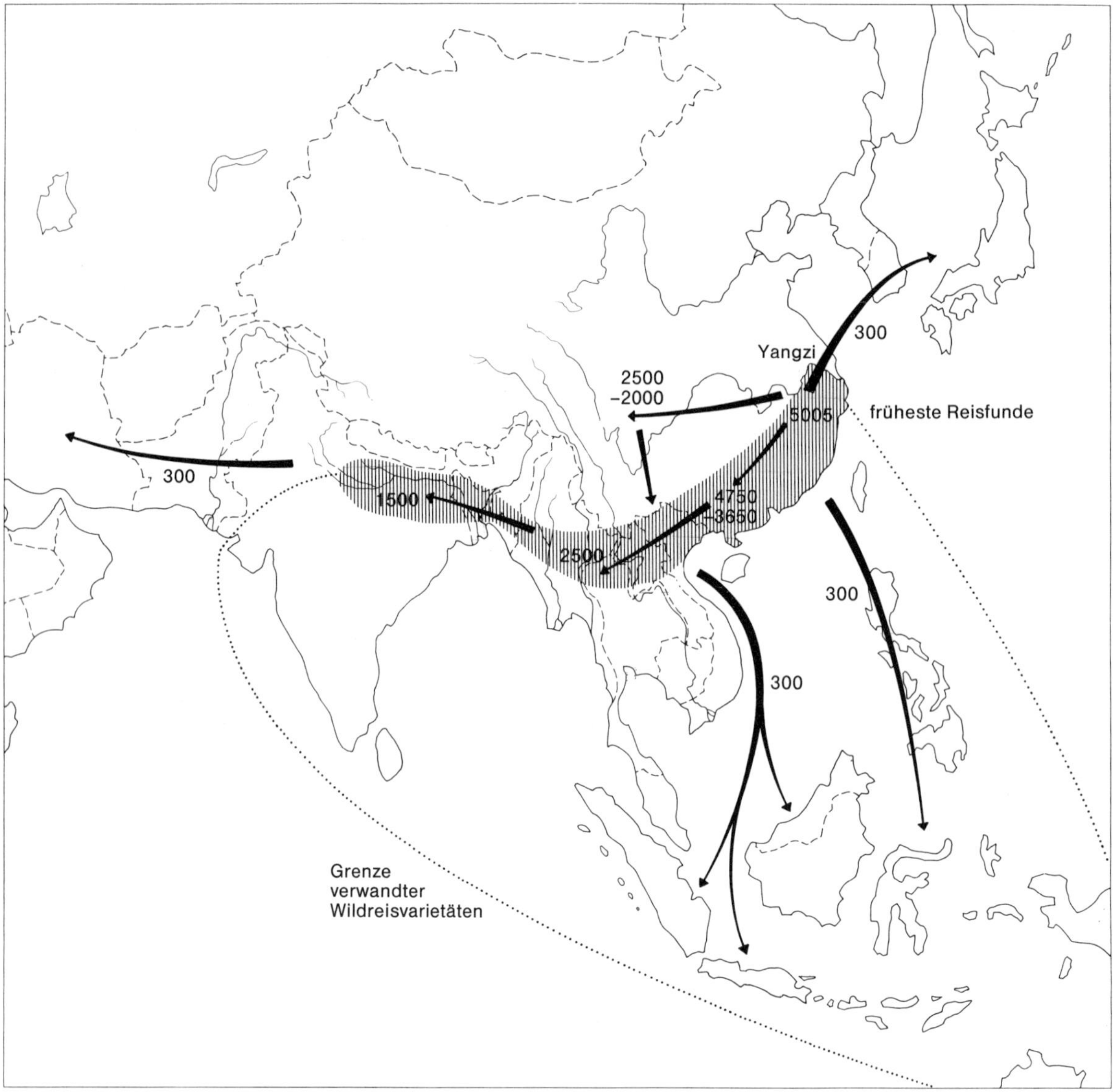

Der Einfluß der indischen Hochkultur auf den Reisbau in Indonesien ist bisher überschätzt worden – auf Kosten einer objektiven Beurteilung des kulturellen Beitrags altindonesischer Völker und Stämme und ihrer sogenannten "Primitivkultur". Bei den indischen Einwanderern, die im Laufe der ersten Jahrhunderte unserer Zeitrechnung in den Archipel kamen, handelte es sich vor allem um brahmanische Rechtsgelehrte und Geistliche, die Hofstaaten und Reiche lokaler Potentaten organisierten und diesen durch einen göttlichen Stammbaum zu überirdischer Legitimation verhalfen. Indischer Einfluß machte sich vornehmlich im religiösen und politischen Bereich, nicht aber im Reisbau geltend, dessen *termini technici* bezeichnenderweise dem einheimischen Sprachschatz und nicht dem Sanskrit entnommen sind.

Dank seiner natürlichen Eigenschaften, seiner Anpassungsfähigkeit an unterschiedliche ökologische und wirtschaftliche Bedingungen und dank seines enormen Potentials für vielfältige Züchtungen, die eine immer intensivere Landnutzung erlaubten, wurde der asiatische Reis, *Oryza sativa*, in seinen beiden wichtigsten Artengruppen *indica* und *japonica* im Laufe der Jahrhunderte von immer mehr Bauern als bevorzugtes Getreide und Grundnahrungsmittel übernommen: So gelangte der Naßreisbau seit dem 3. Jahrhundert vor Christus von Süd-China aus über Korea nach Kyushu in Japan. 600 Jahre später wanderten Reisbauern, die den Eisenpflug, Rinder, Büffel und entwickelte Anbau- und Düngemethoden mitbrachten, in die japanischen Ebenen von Kinki und Yamato ein. Von diesen Gebieten aus verbreitete sich der Reisbau allmählich ostwärts. Gegen Ende des 18. Jahrhunderts erreichte er schließlich Hokkaido, die nördlichste der japanischen Inseln.

Von Indien aus verbreitete sich die *Oryza sativa* auch in westlicher Richtung, zunächst nach Persien und von dort über die Tiefebenen des Euphrat nach Ägypten, wo Theophrastos, der Pflanzenkundler Alexanders des Großen, als erster Reisanbau feststellte. In altägyptischen Schriften und Gräbern und auch in der Bibel finden sich keine Hinweise auf Reispflanze und Reisbau. Nachrichten über den Reis verbreiteten sich vor allem nach den Expeditionen Alexanders des Großen nach Persien (334) und Nordwest-Indien (327 bis 325 vor Christus) und führten dazu, daß der Reis zunächst als Exportware ans Mittelmeer gelangte, wo ihn die Griechen und später auch die alten Römer kennen und als *aurisa* schätzen lernten. Im Mittelmeerbecken selbst wurde Reis erst seit dem 7. Jahrhundert unserer Zeitrechnung angepflanzt: von den Arabern im Nil-Delta.

Mit den Mauren gelangten Reispflanze und Reisbautechnologien um die Jahrtausendwende nach Spanien und von hier aus nach Frankreich in die Camargue und nach Nord-Italien in die Po-Ebene, wo sie 1475 erstmals erwähnt werden. Seit Beginn des 16. Jahrhunderts wurde schließlich der Reis der Po-Ebene für die Tessiner und die Bewohner der südlichen Bündnertäler zu einem bevorzugten Nahrungsmittel. Von hier aus fand er im 18. Jahrhundert als wichtige Handelsware den Weg über die Alpenpässe in die mittel- und nordeuropäischen Städte.

Von der Iberischen Halbinsel gelangte der Reisanbau, zusammen mit spanischen und portugiesischen Eroberern, auch nach Mittel- und Südamerika. In Nordamerika wurde die Pflanze erstmals im Jahre 1646 in der James River Region von Virginia angebaut. 1685 folgten Gebiete in Süd-Carolina, und 1718 wurden auf den Prärien Louisianas erste Felder angelegt, die sich gegen Ende des 19. Jahrhunderts, nach zunehmendem Einsatz von Maschinen, stark ausbreiteten. Heute liegen die großen Reisanbaugebiete der USA weiter südwestlich, in den Staaten Arkansas,

Mississippi, Missouri und Texas, ferner in Kalifornien, wo die ersten bedeutenden Ernten seit 1912 in Sacramento Valley eingebracht werden konnten.

Aber auch kleinere Produktionsgebiete in Australien verdienen Erwähnung, wo es 1914 einem japanischen Siedler gelang, eine Reisvarietät zu entwickeln, die sich im Gebiet des Murray River als Naßreis kultivieren ließ. Seit 1952 wird im *Northern Territory* mechanisierter Anbau in großem Maßstab betrieben. Als Exportland hat Australien vorläufig noch keine Bedeutung. Einer der wichtigsten Reisexporteure sind seit dem 19. Jahrhundert die USA, aus denen das Getreide über die großen Atlantik- und Nordseehäfen Rotterdam, Amsterdam und Antwerpen nach Europa gelangt. Während der niederländisch-ostindischen Kolonialzeit brachte schließlich die niederländische Kolonialmacht auch asiatischen Reis auf den mitteleuropäischen Markt.

Da in den sogenannten Entwicklungsländern die Reisproduktion nur mühsam mit dem Bevölkerungswachstum Schritt hält, sind die Exporte aus den wichtigsten Anbaugebieten des Fernen Ostens immer mehr zurückgegangen. So gehen heute nur noch etwa 2 Prozent der Gesamtproduktion der Entwicklungsländer in den internationalen Handel: 98 Prozent werden zur Selbstversorgung der Bevölkerung in den Erzeugerländern benötigt. Der Reisbedarf der Mitteleuropäer wird vor allem durch Importe aus Italien und den USA gedeckt. Nur etwa 5 Prozent stammen hier aus den traditionellen Anbaugebieten Asiens, vorwiegend aus Thailand. Mit wachsender Beliebtheit der chinesischen, indischen und indonesischen Küche erfreuen sich allerdings die asiatischen Lang- und Mittelkorn-Reisarten seit einiger Zeit wachsenden Zuspruchs.

Die Botanik

Gattung und Varietäten

Die Stammpflanze des Reises gehört der Grasgattung *Oryza* an, die wie Weizen, Hafer, Gerste und Hirse zur Familie der *Gramineae*, der Getreidegräser, zählt. Die Gattung *Oryza* umfaßt insgesamt 25 Arten, die zwar in allen tropischen und subtropischen Gebieten vorkommen, von denen aber nur zwei erfolgreich und dauerhaft kultiviert werden konnten. Zum einen handelt es sich um die afrikanischen Spielarten der *Oryza glaberrima Steud.*, ein auf die Überschwemmungsgebiete des Niger-Bogens beschränktes Hochlandgewächs mit auffallend roter Fruchthülle, und andererseits um die asiatische *Oryza sativa*, von der rund 120 000 Varietäten bekannt und größtenteils im Internationalen Reisforschungsinstitut IRRI auf den Philippinen registriert sind.

Die enorme Artenvielfalt und die ökologische Flexibilität der *Oryza sativa* haben dazu beigetragen, gerade sie zum bevorzugten Getreide experimentierfreudiger Bauern zu machen. Je mehr Varietäten zur Verfügung stehen, desto mehr Rücksicht kann auf Faktoren wie Bodenbeschaffenheit, Menge des verfügbaren Wassers, jahreszeitliche Unterschiede und wechselnde Nahrungsbedürfnisse genommen werden. Hohe Artenvielfalt hilft, Produktionsrisiken zu vermindern und Krankheiten vorzubeugen.

Reis ist eine äußerst anpassungsfähige Pflanze, die unter verschiedenen klimatischen und ökologischen Bedingungen gedeiht. So sind bestimmte Varietäten speziell für den Trockenanbau auf Hochlandböden geeignet. Solche Trockenreis-Sorten gedeihen in der Regel auch im Wasser und lassen sich infolgedessen auch für mehr oder weniger trockene Gebiete mit zeitweiliger Bewässerung verwenden. Umgekehrt sind jedoch die Wasserreis-Sorten für den Trockenanbau ungeeignet. Wasserreis wächst auf Feldern, die künstlich oder durch Regenfälle bewässert werden, oder aber entlang überfluteter Flußebenen. Gestalt und Vegetationsperioden der Reispflanze können demgemäß sehr unterschiedlich sein. Neben kurzwüchsigen Reisarten, die lediglich 30 bis 50 Zentimeter hoch werden, sind auf der anderen Seite solche bekannt, die, in Überschwemmungsgebieten dahinflutend, bis zu sechs Meter lange Stengel entwickeln. Auch die Zeit von der Keimung bis zur Samenreife ist bei den einzelnen Kulturvarietäten sehr verschieden und beträgt bei frühreifen Biotypen 80 bis 90, bei spätreifen 240 bis 260 Tage.

Die *Oryza sativa* wird je nach Körnung in zwei große Artengruppen eingeteilt:

Die tropischen *indica*-Sorten besitzen lange, schlanke Körner mit einem glasigen, durchscheinenden Kern. Da sie beim Kochen nur wenig Flüssigkeit aufnehmen, bleiben sie fest und eignen sich deshalb gut zur Verwendung als Trockenreis. *Indica*-Varietäten haben lange und elastische Stengel, sind aber von unterschiedlicher Größe und Wuchshöhe. Stammgebiet dieser Artengruppe sind die tropischen Zonen Süd- und Südostasiens; darüber hinaus werden sie vor allem in Madagaskar, in den Südstaaten der USA und im karibischen Raum kultiviert. In europäischen Küchen sind *indica*-Langkornreise aus Thailand (Patna) und, in jüngerer Zeit, auch aus Indien (Basmati) bekannt geworden.

Die *japonica*-Artengruppe besitzt kürzere, ovale bis runde Körner mit einem weißen Kern. Diese nehmen beim Kochen sehr viel Flüssigkeit auf, quellen daher stark und wirken, infolge ihres hohen Gehalts an Amylopektin, einem gelierenden Pflanzenstoff, klebrig. Aufgrund dieser Eigenschaften eignen sie sich besonders für Reisgerichte, die mit Saucen, Bouillon und anderen Flüssigkeiten zubereitet werden. Die *ja-*

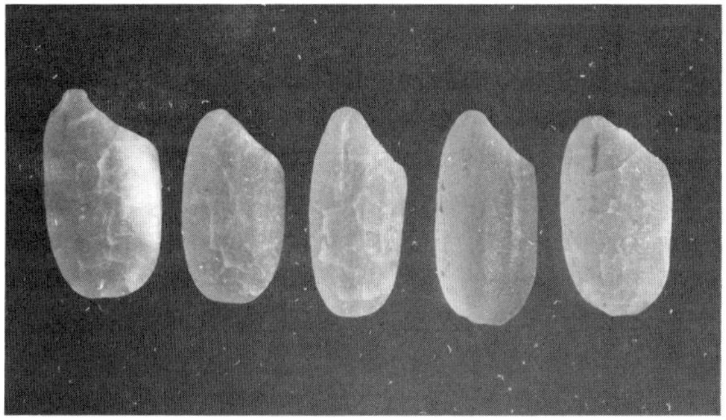

Rundkorn - zum Beispiel Camolino für Milchreis

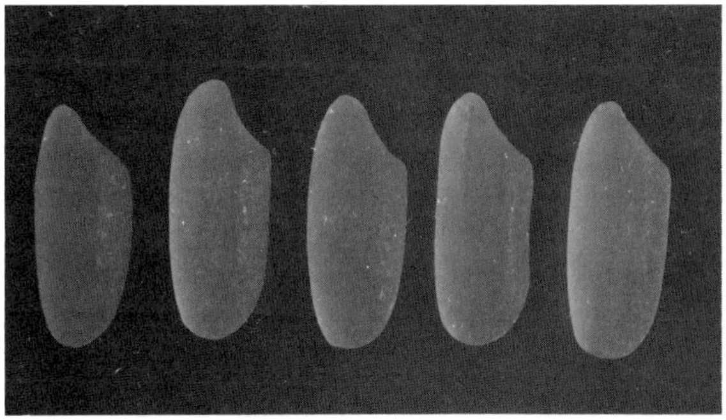

Mittelkorn - zum Beispiel Vialone für Risotto

Langkorn - zum Beispiel Siam Patna für asiatische Reisgerichte

ponica-Sorten sind allgemein von niedrigerem Wuchs als die Pflanzen der Artengruppe *indica*. Im Unterschied zu diesen entwickeln sie jedoch straffe und kurze Stengel mit kleinen Rispen. Die *Oryza sativa japonica* ist heute hauptsächlich in den Anbaugebieten Ostasiens heimisch. Die südliche Verbreitungsgrenze läßt sich am Yangzi-Fluß ziehen, die nördliche liegt am Amur. Das asiatische Verbreitungsgebiet umfaßt im weiteren das japanische Inselgebiet, soweit dort aus klimatischen Gründen überhaupt Reis angebaut werden kann. *Japonica*-Varietäten finden sich außerdem in den arabischen Staaten, im Mittelmeerraum – so zum Beispiel die bekannten Risotto-Reise Arborio und Vialone aus Italien -, im südöstlichen Südamerika, in Kalifornien und Australien.

Beide Artengruppen enthalten neben nicht-klebenden Varietäten auch Klebreis-Sorten (Glutinosa) mit einem hohen Anteil an Amylopektin in der Stärkezusammensetzung und 3,7 bis 5 Prozent Dextrin. Klebreis eignet sich besonders für die Herstellung von dekorativen Reiskuchen und Reisgebäck und wird deshalb für Opfergaben und rituelle Mahlzeiten verwendet. Auch bildet er die Hauptzutat in Reisweinen.

Der auf unseren Speiseplänen nur selten auftauchende sogenannte "Wildreis" (Manomin) ist zwar ein ferner, aber nie gezüchteter Verwandter des Kulturreises. Die schwarzen, schlanken Körner, die bei uns als Delikatesse behandelt werden, sind die Samen des einjährigen, an See- und Flußufern Nordamerikas und Nordostasiens wachsenden Rispengrases *Zizania Aquatica L.* Sein relativ hoher Preis ist darauf zurückzuführen, daß Wildreis nur in beschränktem Maße industriell angepflanzt wird, die Erntemethoden aufwendig sind und nur verhältnismäßig kleine Mengen eingebracht werden können. Manomin, "gutes Getreide", wie die Indianer sagen, wächst in den flachen, sauberen Seen in Kanada, im Nordwesten der Provinz Ontario, und in klaren Gewässern, die nur langsam fließen. Seit mehr als 1 000 Jahren ist der Wildreis für die Bewohner dieses riesigen Seen- und Flußgebietes ein wichtiges Nahrungsmittel und wesentlicher Bestandteil ihrer Kultur. Überlebensmöglichkeit während der Wintermonate und wichtiges Handelsprodukt, sehen die Indianer in ihm eine Gabe Gottes – ebenso wie in anderen wildwachsenden Nahrungsmitteln. Im September, dem "Wildreis-Monat", fahren sie mit Kanus in die Manomin-Gebiete. Mit einem Stock biegen sie die hohen Halme ins Boot hinunter, mit einem anderen schlagen sie auf die Pflanze, so daß die wenigen reifen Körner herausfallen. Mehrere Male müssen die Indianer jedes Gebiet abfahren und jeden Halm biegen, bis alle Körner geerntet sind. Viele Körner fallen ins Wasser, als Saat für neue Pflanzen, andere werden von Elchen und Vögeln gefressen. Nach der Ernte wird der Wildreis unter Wärmeeinwirkung konserviert. Die Keimfähigkeit wird zerstört, der Wildreis erhält seine goldbraune Farbe und seinen typischen, rauchig-nußartigen Geschmack. Ein hoher Eiweiß- und Mineralstoffgehalt machen ihn zu einem wertvollen Nahrungsmittel, allerdings nicht für den täglichen Konsum.

Da der echte Wildreis sehr niedrige Erträge bringt, sind mittlerweile neue Sorten gezüchtet worden, die auf großen Flächen in einigen Gebieten der USA angebaut werden; Chemie- und Düngemitteleinsatz steigern die Ernteerträge. Dieses Massenprodukt wird – oft in Mischungen mit weißem Reis – als Wildreis vertrieben; seine Qualität entspricht bei weitem nicht der von Manomin. Im kommerziellen Handel sind die Indianer heute zu schlecht bezahlten Lieferanten des grünen Wildreises geworden. Den Mehrwert aus der Weiterverarbeitung kassieren die weißen Händler, die sich aufgrund ihrer straffen Handelspraktiken die Kontrolle über die Vermarktung aneignen konnten. Dem können die traditionell dezentral organisierten Indianer kaum etwas entgegensetzen.

Reispflanze und Reiskorn

Die Reispflanze ist von kräftigem Wuchs und erreicht durchschnittlich Höhen von 100 bis 180 Zentimetern. Einige kleinwüchsige und frühreife Sorten werden allerdings kaum über einen halben Meter hoch. Mitunter wird aber auch die Grenze von 180 Zentimetern überschritten, vor allem von den bereits erwähnten flutenden Varietäten, die in den Monsungebieten Süd- und Südostasiens gedeihen und bei hohem Wasserstand der Flüsse mehrere Meter lange Halme entwickeln. Vor dem Einsetzen der monsunbedingten Flut, zwischen März und Mai, werden die sogenannten Tiefwasser-Reise im Breitwurf ausgesät. Mit dem Ansteigen des Wassers im Juni verlängern sich die Stengel, werden bis zu sechs Meter lang und erlauben es damit der Blattmasse, auf dem Wasserspiegel zu fluten. Nach dem Absinken des Hochwassers legen sich die Halme auf den Boden. An den oberen Stengelknoten bilden sich Wurzeln, die die Pflanze im Schlammboden verankern. Während der untere Teil der Pflanze abstirbt, treiben aus den Blattansätzen des Halms Schosse – eine neue Reispflanze wächst heran. Tiefreis ist ganz besonders für die Subsistenzbauern – die also nur für den Eigenbedarf produzieren – in Bangladesh, Birma, Thailand und Vietnam von großer Bedeutung.

Die Blätter der *Oryza sativa* nehmen in ihrer Länge von unten nach oben zu und erreichen gelegentlich eine Länge von nahezu einem Meter. Der Halm läuft in einen Blütenstand in Form einer aufrecht stehenden oder zur Reifezeit nickenden Rispe aus. Diese besteht aus einer glatten Spindel und einer Anzahl mehr oder weniger stark geschlängelter Seitenäste. An diesen Ästen sitzen zweizeilig drei bis acht kleine Ähren. Spindel und Seitenäste werden durch sogenannte Gipfelährchen abgeschlossen.

Die Reisblüten sind zwittrig und weisen, abweichend von den meisten Gräsern, nicht drei, sondern sechs Staubblätter auf. Die länglichen oder ovalen Ährchen bestehen aus zwei kurzen, nicht voll ausgebildeten Hüllspelzen, einer schmalen, lanzettförmigen Vorspelze (Palea) und der kieselsäurehaltigen, kahnförmigen Deckspelze (Lemma), die entweder in ein Spitzchen oder aber in eine rauhe, helle oder schwarzrote Granne auslaufen.

Die Frucht wird von den wie Scharniere ineinandergreifenden harten Blütenspelzen fest und eng umschlossen. Der Samen wird auf diese Weise so gut geschützt, daß Frucht- und Samenschale nur schwach entwickelt sind. Diese beiden Schichten bilden, zusammen mit einer Eiweißschicht, das sogenannte Silberhäutchen, das ungeschliffenem Reis eine gelbgrünliche oder gelbrötliche Farbe verleiht. Das Silberhäutchen enthält wichtige Vitamine, Mineralien, Eiweiß und Fett, Nährstoffe, die beim Polieren des Reises zusammen mit den aleuronführenden Gewebeschichten verloren gehen. Der eigentliche Kern besteht fast nur aus reiner Stärke. An seinem schmalen Ende sitzt der Keimling oder Embryo. Auch er enthält Mineralien und Vitamine, die bei der maschinellen Entfernung des Keimlings zugunsten einer längeren Haltbarkeit des Handelsreises verloren gehen.

Reisblüte

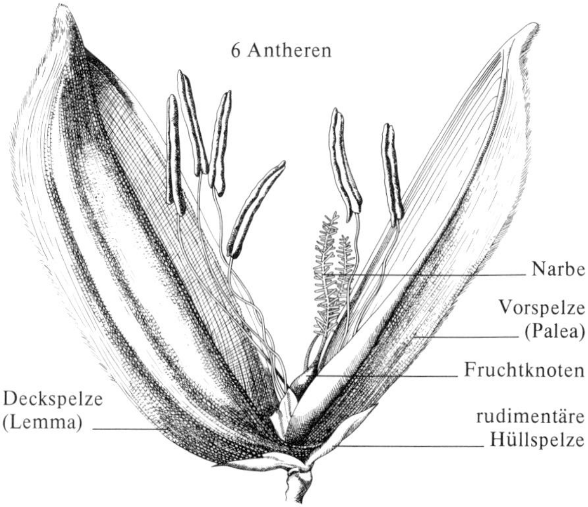

Reiskorn

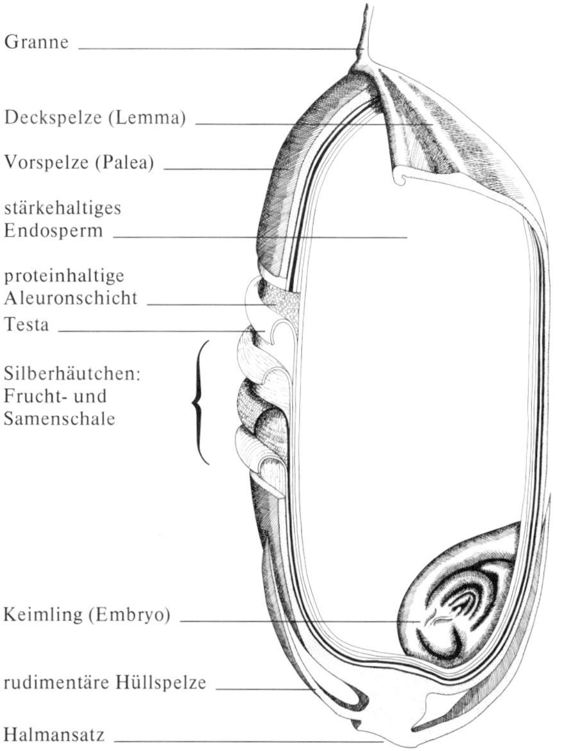

Nährwert

Es gibt kaum eine Kulturpflanze, die einen so hohen Nährstoffertrag liefert, wie den Reis. Den Hauptanteil der Nährstoffe erbringen die Kohlehydrate mit 78 Prozent, und zwar in Form von Reisstärke. Eine wichtige Rolle für den Stoffwechsel spielen die Mineralstoffe, die im Reis in einer besonders günstigen Kombination enthalten sind. Von den Mineralien, die für Wachstum, Zellersatz und Regulationsmechanismen in Blut und Nieren verantwortlich sind, finden sich im Reis Natrium, Kalium, Mangan, Eisen, Kobalt, Zink, Phosphor und Fluor. Der geringe Natriumanteil sorgt dafür, daß nur verhältnismäßig wenig Wasser im Organismus zurückgehalten wird. Der Kaliumgehalt fördert den Haushaltsausgleich im Stoffwechsel der Salze und Körperflüssigkeiten und damit die Ausschwemmung des Wassers und der Stoffwechsel-Endprodukte durch die Nieren.

An Vitaminen finden sich im Reis B1, B2, Nikotinamid, Pantothensäure und Vitamin B6, ferner das wichtige Vitamin E. Trotz des relativ geringen Eiweißanteils sind im Reis zahlreiche lebenswichtige Aminosäuren enthalten. Sie bilden eine wertvolle Ergänzung zum Eiweiß aus anderen Nahrungsmitteln.

Die nebenstehende Tabelle zeigt die mittleren Nährstoffwerte, die in 100 Gramm gekochtem Reis enthalten sind. Dabei sollte im Hinblick auf die drei handelsüblichen Formen ein aufschlußreicher und bedeutsamer Unterschied in den Anteilen der Mineralstoffe und Vitamine besonders beachtet werden: Halbrohreis oder Braunreis ist entspelzter Reis, bei dem die vitamin-, mineral- und eiweißreichen Umhüllungen des Kerns wie auch der Keimling erhalten geblieben sind. Eine Schale Braunreis mit 300 Gramm deckt mehr als 10 Prozent des täglichen Kalorienbedarfs einer erwachsenen männlichen Person, 18 Prozent des Bedarfs an Proteinen, 15 Prozent Eisen, 4 bis 8 Prozent Kalzium, 24 Prozent Thiamin, 24 Prozent Niacin und 4,3 Prozent Riboflavin. Der Nährgehalt des Braunreises in bezug auf Proteine, Ballaststoffe, Thiamin- und Niacin-Werte ist eindeutig höher als beim raffinierten, polierten Reis oder Weißreis. Da sich die Fettstoffe bei längerer Lagerung zersetzen und den Geschmack beeinträchtigen, werden das Fettstoffe enthaltende Silberhäutchen maschinell abgeschliffen und der ebenfalls fetthaltige Keimling herausgebrochen. Dabei gehen zwangsläufig wertvolle Vitamine, Mineralstoffe und Eiweiß verloren.

Wiederholtes Waschen und bestimmte Kochmethoden können den Nährwert des Reises weiter mindern und führen bei ausschließlichen Reisessern, die zu arm sind, um ihren Speisezettel mit zusätzlichen Eiweißquellen und Vitaminen zu bereichern, zu Mangelerscheinungen, die schwere Krankheit (Beriberi) zur Folge haben können. Das Problem von Ernährungsdefiziten infolge industrieller Bearbeitung des Reises hat sich in Asien in jüngster Zeit durch die starke Ausbreitung mechanischer Reismühlen verschärft. Polierter Reis gefährdet die Gesundheit aller Asiaten, die ihn nicht mit ausreichenden Mengen an Gemüse, Fisch, Fischsaucen oder Sojaprodukten ergänzen können.

Weißer, polierter Reis spielt heute in vielen asiatischen Ländern die Rolle eines Statussymbols und kann mit dem Weißbrot unserer fünfziger und sechziger Jahre verglichen werden.

Ein Bearbeitungsverfahren, bei dem Vitamine und Mineralstoffe weitgehend erhalten bleiben, ist das ursprünglich in Asien entwickelte *Parboiling*, das seit dem Zweiten Weltkrieg insbesondere in den USA, aber auch in Europa zur Anwendung gelangt. Bei den modernen *Parboiling*-Methoden werden die ungeschälten Reiskörner zunächst in heißes Wasser eingelegt. Dadurch werden die im Silberhäutchen und im Keimling enthaltenen Vitamine und Mineralstoffe gelöst und anschließend unter großem hydraulischen Druck in das Innere des Reiskorns gepreßt und mit Dampf im Kern versiegelt. Erst jetzt erfolgt der übliche Prozeß des Schleifens und Polierens in den Schleifmaschinen.

Reis: Nährstoffgehalt

Zusammensetzung		Brauner Reis	Parboiled Reis	Weißer Reis

Wasser	%	70,3	73,3	72,6
Anzahl Kalorien/Joule		119/500	106/445	109/458
Eiweiß	g	2,5	2,1	2,0
Fett	g	0,6	0,1	0,1
Kohlehydrate	g	25,5	23,3	24,2
Rohfasern (Ballaststoffe)	g	0,3	0,1	0,1
Natrium [1]	mg			
Kalium	mg	70	43	28
Kalzium	mg	12	19	10
Phosphor	mg	73	57	28
Eisen	mg	0,5	0,4	0,2
Thiamine (Vitamin B_1)	mg	0,09	0,05	0,02
Riboflavin (Vitamin B_2)	mg	0,02	0,01	0,01
Niacin (Vitamin PP)	mg	1,4	1,2	0,4

Die Angaben beziehen sich jeweils auf 100 Gramm gekochten Reis.
1) abhängig von Salzbeigabe und Wasserqualität
Quelle: *United States Department of Agriculture*, Washington

Polierabfälle (Kleie) aus den Reismühlen werden oft als eiweißreiches Tierfutter verwendet. Reisöl aus den Keimlingen wird gelegentlich bei der Herstellung von Kerzen oder Seife eingesetzt. Die Spreu der kieselsäurehaltigen Hüllspelzen des Rohreises *(paddy)* eignet sich zur Herstellung von Verpackungs-, Brenn- und Isoliermaterial. Reisstroh läßt sich auf den Feldern selbst zur Aschendüngung und zur Optimierung der Bodenqualität beim Mulchen gebrauchen; im dörflichen Handwerk kann es als Flechtmaterial, zur Herstellung von Säcken, Matten, Hüten und Besen oder zum Decken von Lehmmauerwerk verwendet werden.

Der Anbau

Ökologische Voraussetzungen

Ein Blick auf die Verbreitungskarte der Wildformen genügt, um zu erkennen, daß es sich bei Reis um ein Gewächs der wärmeren Erdteile handelt. Dennoch sind die Grenzen des Reisanbaus unerwartet weit gesteckt. Denn obschon die Reispflanze im feuchtheißen Tropengürtel Asiens und im subtropischen Klima optimale Wachstumsbedingungen vorfindet, hat sie sich wie kaum eine andere Kulturpflanze über alle Kontinente hinweg zu verbreiten vermocht. In den wärmeren Perioden des Jahres können insbesondere solche Arten, die Photosynthese praktizieren und infolgedessen auf langandauernden Sonnenschein angewiesen sind, auch in mittleren Breitengraden gedeihen. So wird heute bis weit in die subtropischen Gebiete hinein Reis angebaut, in Japan und in Spanien bis zu 42 Grad nördlicher Breite, in der Po-Ebene sogar bis über den 45. Breitengrad hinaus und in den USA bis 36 Grad nördlicher Breite.

Die Grenzen des Reisanbaus lassen sich dort ziehen, wo die hohen Ansprüche der Pflanze an Licht und Wärme nicht mehr adäquat befriedigt werden können. So liegt etwa die Minimaltemperatur der Keimung bei den tropischen Sorten bei 18, bei den subtropischen bei 10 bis 12 Grad Celsius. In Nord-Italien dürfen während der Wachstumsphase der jungen Triebe Temperaturen von 13 bis 14 Grad nicht unterschritten werden, bei der Rispenbildung sind hier Minimaltemperaturen von 15 bis 16 Grad unerläßlich. Während der Blütezeit schließlich ist der Reis auf Temperaturen von 25 bis 30 Grad Celsius angewiesen.

Die Höhengrenze des Naßreises liegt innerhalb des Wendekreises zwischen 1200 bis 1600 Metern über dem Meeresspiegel. Trocken- oder Bergreis benötigt weniger Wärme, verträgt ein etwas rauheres Klima und kann deshalb bis zu 2000 Meter Höhe gepflanzt werden. Für Trockenreis, der ohne kontrollierte Bewässerung gedeiht, sind allerdings in der Hauptvegetationszeit große und vor allem regelmäßig verteilte Mengen an Regenwasser nötig. Man rechnet mit einer optimalen Niederschlagsmenge von 1250 bis 1500 Millimetern, auf keinen Fall sollte die Grenze von 800 Millimetern unterschritten werden. Für den künstlich bewässerten Reis spielen atmosphärische Niederschläge keine ausschlaggebende Rolle. Im Gegenteil: Zuviel Regen und windige, dunkle Regentage können dem lichthungrigen Reis durchaus abträglich sein.

Klima und relative Durchlässigkeit des Bodens legen den Wasserverbrauch des Naßreises fest. Bei Böden mit zu hoher Durchlässigkeit ist der Wasserbedarf zu groß. Falls derartige Böden zudem über ein geringes Aufnahmevermögen für Pflanzennährstoffe verfügen, werden bei der Bewässerung zu große Nährstoffmengen ausgewaschen. Genau so ungeeignet für den Reisbau sind Böden mit zu geringer Durchlässigkeit: Das Wachstum der Reispflanze wird hier durch Luftmangel beeinträchtigt. Bei hinreichender Bodendurchlässigkeit lassen sich jedoch die erwähnten Nachteile durch sachgemäße Bearbeitung, Düngung, Bewässerung und zeitweilige Trockenlegung des Bodens ausgleichen.

Reis stellt an den Boden vergleichsweise geringe Anforderungen und nimmt mit Ausnahme von Torf-, Moor-, unfruchtbaren Sand- oder Geröllböden mit allen Bodenarten vorlieb, die nicht zu durchlässig sind. Höchste Erträge liefern mäßig schwere, von Natur aus reiche Ton- und Lehmböden. Geeignet für den Anbau von Reis sind im weiteren junge Schwemmlandböden in Flußniederungen. Besonders fruchtbar sind jungvulkanische Kulturböden: Als Beispiele können hier der schwarze vulkanische

Champion
CIGARETTES
champion
talaga!

Reis: Anbauflächen, Hektarerträge und Produktion

Land/Region	Anbaufläche in Millionen Hektar 1986/87	1987/88 [4]	Ertrag in Tonnen/Hektar 1986/87	1987/88 [4]	Produktion (unbearbeiteter Reis) in Millionen Tonnen 1986/87	1987/88 [4]	Produktion (geschälter Reis) in Millionen Tonnen 1986/87	1987/88 [4]
USA	1,0	0,9	6,33	6,14	6,0	5,0	4,2	4,1
Birma [1]	4,7	4,5	2,68	2,72	12,5	12,2	7,8	7,6
Pakistan [1]	2,1	1,9	2,53	2,53	5,2	4,8	3,5	3,2
Thailand [1]	9,7	9,1	1,95	1,70	18,9	15,5	12,5	10,2
Indonesien	9,9	9,8	3,94	3,97	39,0	38,7	26,5	26,3
Korea [2]	1,2	1,3	6,37	6,02	7,9	7,6	5,6	5,5
EG [2]	0,3	0,3	5,79	5,73	1,9	1,9	1,3	1,3
Nigeria [2]	0,7	0,6	1,43	1,31	0,9	0,8	0,6	0,6
Übrige Hauptimporteure [3]	0,9	0,9	2,38	2,33	2,1	2,1	1,4	1,4
Australien	0,1	0,1	5,72	7,5	0,5	0,8	0,4	0,6
Bangladesh	10,6	10,3	2,18	2,15	23,1	22,2	15,4	14,8
Brasilien	6,0	6,0	1,74	1,83	10,4	11,0	7,1	7,5
China	32,3	32,1	5,34	5,42	172,2	173,9	120,6	121,8
Indien	40,8	39,7	2,22	1,93	90,6	76,5	60,4	51,0
Japan	2,3	2,1	6,32	6,19	14,6	13,3	10,6	9,7
Philippinen	3,4	3,3	2,64	2,58	9,0	8,5	5,8	5,5
UdSSR	0,6	0,7	4,24	4,13	2,6	2,7	1,7	1,7
Vietnam	5,7	5,7	2,70	2,59	15,4	14,6	10,0	9,5
Andere	13,0	12,9	2,62	2,59	34,2	33,4	22,6	22,1
Gesamt	145,1	142,1	3,22	3,14	467,1	446,2	317,9	304,1

1) Hauptexporteure in Asien
2) Hauptimporteure
3) Hongkong, Iran, Irak, Elfenbeinküste, Saudiarabien
4) geschätzt
Quelle: *United States Department of Agriculture,* Washington 1988

Schwemmlandboden im Süden von Surabaya auf Java und der jungvulkanische Boden der benachbarten Insel Bali herangezogen werden. Auch trockene Böden wie Granit, Gneis, Andesit oder Grauwacke-Sandstein, die sich planmäßig bewässern lassen, können durchaus befriedigende Erträge liefern. Selbst auf ärmeren Böden vermag der Naßreis bescheidene, doch akzeptable Erträge zu bringen, wie der Anbau im Po-Delta zeigt, wo auf anspruchslosen, lehmigen und sehr feuchten Böden angepflanzt wird.

Ein großer Vorteil des traditionellen Reisbaus besteht darin, daß er die Böden bei ein- bis zweimaligem Ernten im Jahr nicht ermüdet, wie dies bei Monokulturen sonst der Fall sein kann. Im Unterschied zum Trockenreis nimmt die Fruchtbarkeit von Naßreis auch bei kontinuierlicher Bepflanzung des bewässerten Reisfeldes nicht ab. Die Pflanzen stehen im Schlamm wie in einer Nährlösung. Der Nährstoffgehalt des Bodens und des die Pflanzen umspülenden Wassers genügen, zusammen mit der stickstoffbindenden Kraft natürlich vorkommender Algen, um bei den traditionellen Varietäten auch ohne zusätzliche mineralische Düngung regelmäßige Erträge von durchschnittlich 2,5 Tonnen pro Hektar zu gewährleisten. Die realen Zahlen können allerdings von Fall zu Fall stark nach unten und oben abweichen. Sehr hohe Erträge wirft beispielsweise der jungvulkanische Boden Balis ab, wo bei sorgfältiger Bodenbestellung und regelmäßigen Fruchtwechseln der traditionelle Reis *(padi taun)* Hektarerträge von fünf bis sechs Tonnen bringt.

Reisanbausysteme

Reis ist von Natur aus eine Sumpfpflanze, die meisten Varietäten wachsen in stehendem oder fließendem Wasser. Daneben existieren jedoch auch Arten,

Asien: Durchschnittliche Oberflächentemperaturen im Januar (in Grad Celsius)

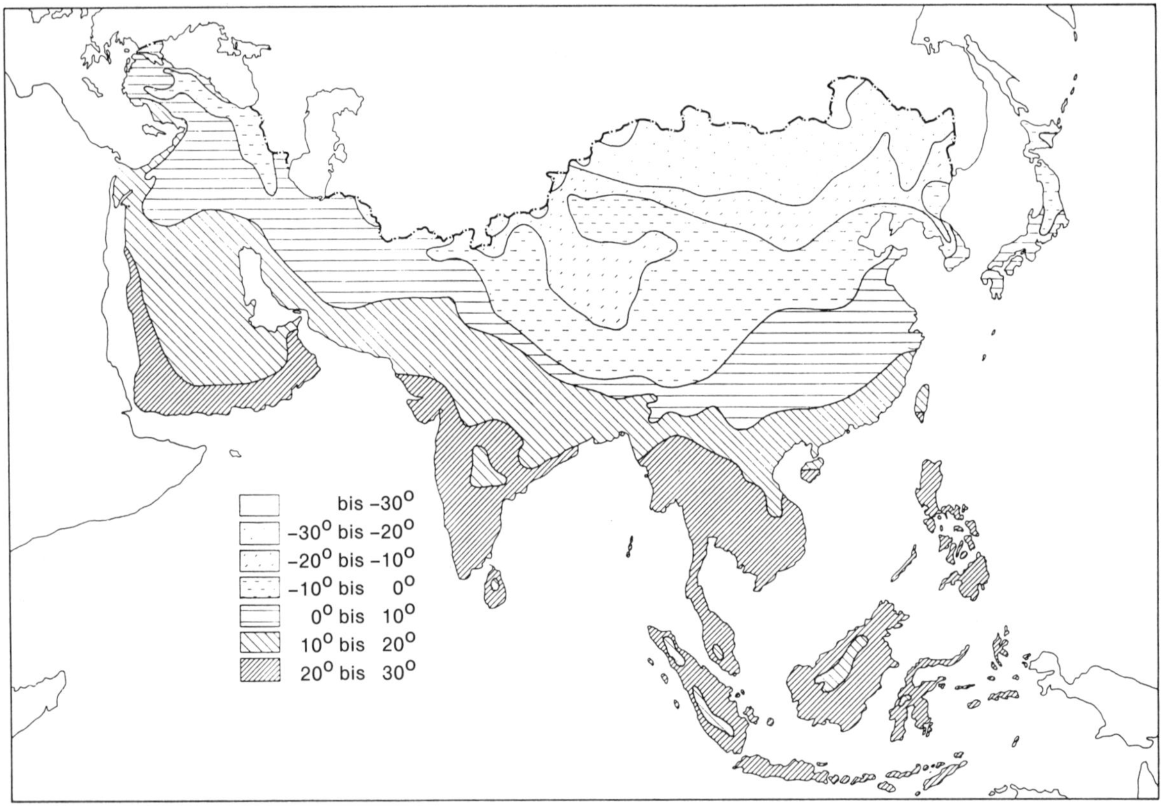

Quelle: *World Atlas of Agriculture.* Novarra 1969

die als Trockenreis in hügeligen oder gebirgigen Gegenden gezogen werden können. Im folgenden Überblick über die wichtigsten Reisproduktionssysteme werden in erster Linie die Art der Wasserversorgung, die Dauer der Feldbestellung und die Anbautechniken berücksichtigt. Jedes System ist, je nach Standort, einer bestimmten Bevölkerungsdichte angepaßt. Extensive Wanderfeldbausysteme sind nur bei einer geringen Bevölkerungsdichte möglich, in Gebieten des intensiven Naßreisbaus finden sich dagegen die höchsten Bevölkerungsdichten der Erde. Die im folgenden erwähnten Systeme der Reisproduktion schließen sich nicht zwangsläufig aus, mitunter werden mehrere Systeme gleichzeitig und gleichberechtigt verwendet.

Asien: Durchschnittlicher Niederschlag im Jahr (in Millimetern)

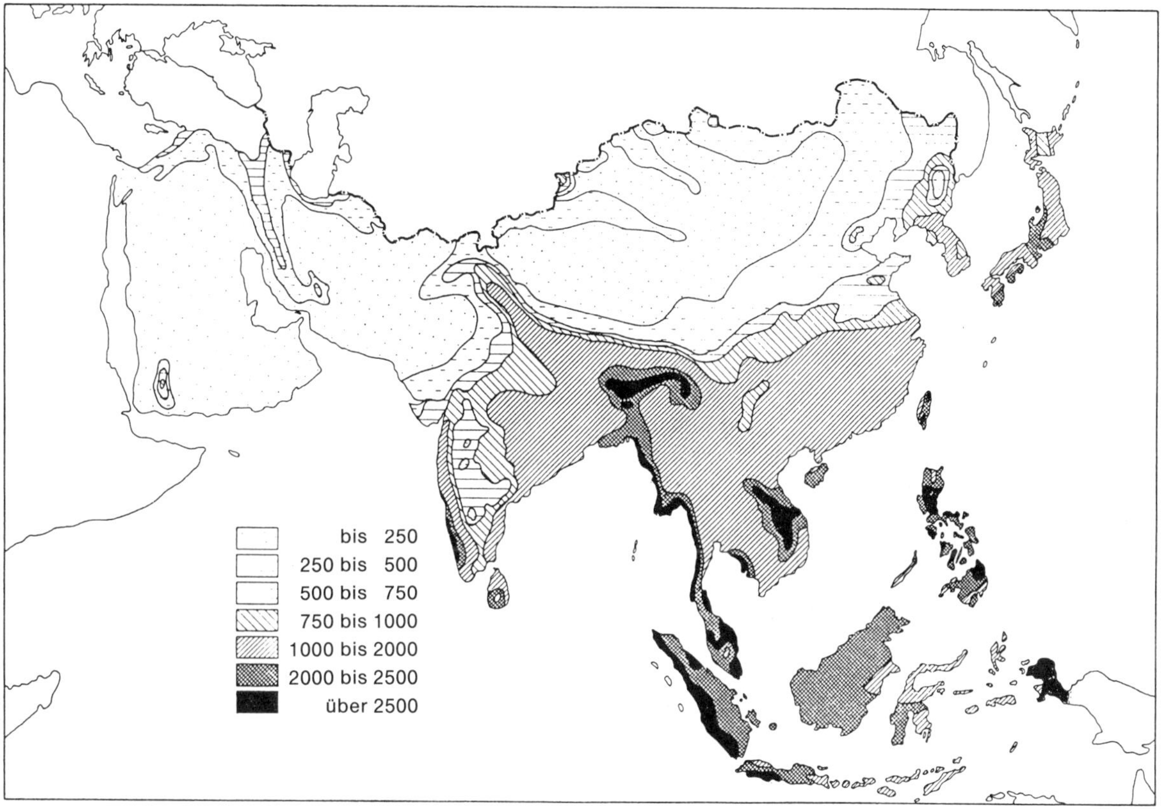

Quelle: *World Atlas of Agriculture.* Novarra 1969

Reisanbau mit unregulierter Bewässerung

Vom Wechsel der Trocken- und Regenzeiten und reichhaltigen äquatorialen oder monsunalen Regenfällen geprägt ist der sogenannte Wanderfeldbau *(shifting cultivation)* oder Schwendbau *(swidden)*. Dabei handelt es sich um zeitweilige Anbausysteme, die nach der vorherrschenden Anbaumethode oft auch als Brandrodungsfeldbau *(slash and burn)* bezeichnet und in denen ausschließlich Trockenreise angebaut werden. Die wichtigsten Anbaugeräte des Wanderfeldbaus sind Beil, Buschmesser, Grab- und Pflanzstock sowie gelegentlich die Hacke. Beim eigentlichen Wanderfeldbau geht mit der Verlagerung der Felder von Zeit zu Zeit auch die Verlegung der Siedlungen einher; bei Systemen, die der Feldwechselwirtschaft zugeordnet werden, sind die Siedlungen dauerhaft, nur die Anbauflächen werden verlagert.

Systeme des Wanderfeldbaus, in denen Trockenreis – auch Berg-, Hügel- oder Hochlandreis genannt – angebaut wird, finden sich in ganz Südostasien, und zwar in gebirgigen Gegenden, die noch von Urwald überzogen sind: in Thailand, Birma, Malaysia, auf den Philippinen, den Inseln Borneo und Sumatra. Darüber hinaus kommt jedoch temporärer Wanderfeldbau mit Reisanbau auch auf den stark gerodeten und zum Teil versteppten Kleinen Sundainseln und den Molukken vor.

Wo kein Wald mehr zu schlagen ist – wie in weiten Teilen Vorderindiens und in Karstgebieten Javas -, findet man Trockenreisbau auf gehackten oder gepflügten Dauerfeldern. In hohen Lagen zwischen 1200 und 1300 Metern über dem Meeresspiegel verbietet das steile Gelände in der Regel die Anlage von Terrassen. Ein paar Monate vor Ende der Trockenzeit werden das trockene Gras oder Gebüsch niedergebrannt und die Felder mit der Hacke umgearbeitet und geeggt. Die freigelegten Wurzeln werden verbrannt, ehe der Boden nochmals mit Hacke und Egge bearbeitet wird. Pflüge lassen sich auf solchem Gelände nicht einsetzen.

Trockenreisbau auf ausschließlich dafür vorgesehenen, gepflügten Feldern *(tegalan)* kommt in verschiedenen, für Naßreis zu hoch gelegenen Regionen der Insel Bali, aber auch an ihrer trockenen Nordküste vor, wo Wassermangel eine künstliche Bewässerung unmöglich macht. Das Wachstum des im *tegalan*-Anbau gewonnenen Trockenreises *(padi gaga)* ist naturgemäß stark von Regenfällen und vom Wechsel der Jahreszeiten abhängig.

Zu den vorteilhaftesten natürlichen Standorten für den Reisbau gehören die während der monsunalen Hauptwachstumszeit periodisch überschwemmten Talbecken und Ebenen Asiens. Voraussetzung für diese Formen des Anbaus ist, daß die Flüsse während der Monsunzeit genügend Wasser aus den Bergen in die Niederungen führen. Hier werden hohe, breite, den Überschwemmungen trotzende Dämme angelegt, die sich für die Gründung von Siedlungen, für Gartenbau und ergänzenden Trockenfeldbau besonders eignen. Hinter den breiten Flußdämmen liegen ausgedehnte, etwas tiefere Senken, in denen das Überschwemmungswasser mehrere Wochen lang stehenbleibt. Der Reis wird hier meist in Breitsaat, zuweilen direkt ins Wasser hinein gesät. Diese Form des flächenintensiven Saatreisanbaus, die besonders für das südostasiatische Festland charakteristisch ist, bringt weniger sichere Erträge als der Naßreisbau, bei dem Schößlinge in Saatbeeten vorgezogen und schließlich verpflanzt werden.

In der Mitte der Stromebenen steigt das Wasser zur Monsunzeit meist so stark an, daß hier nur noch flutender Tiefwasserreis gedeihen kann. Erwähnenswert

Reis: Hauptanbaugebiete

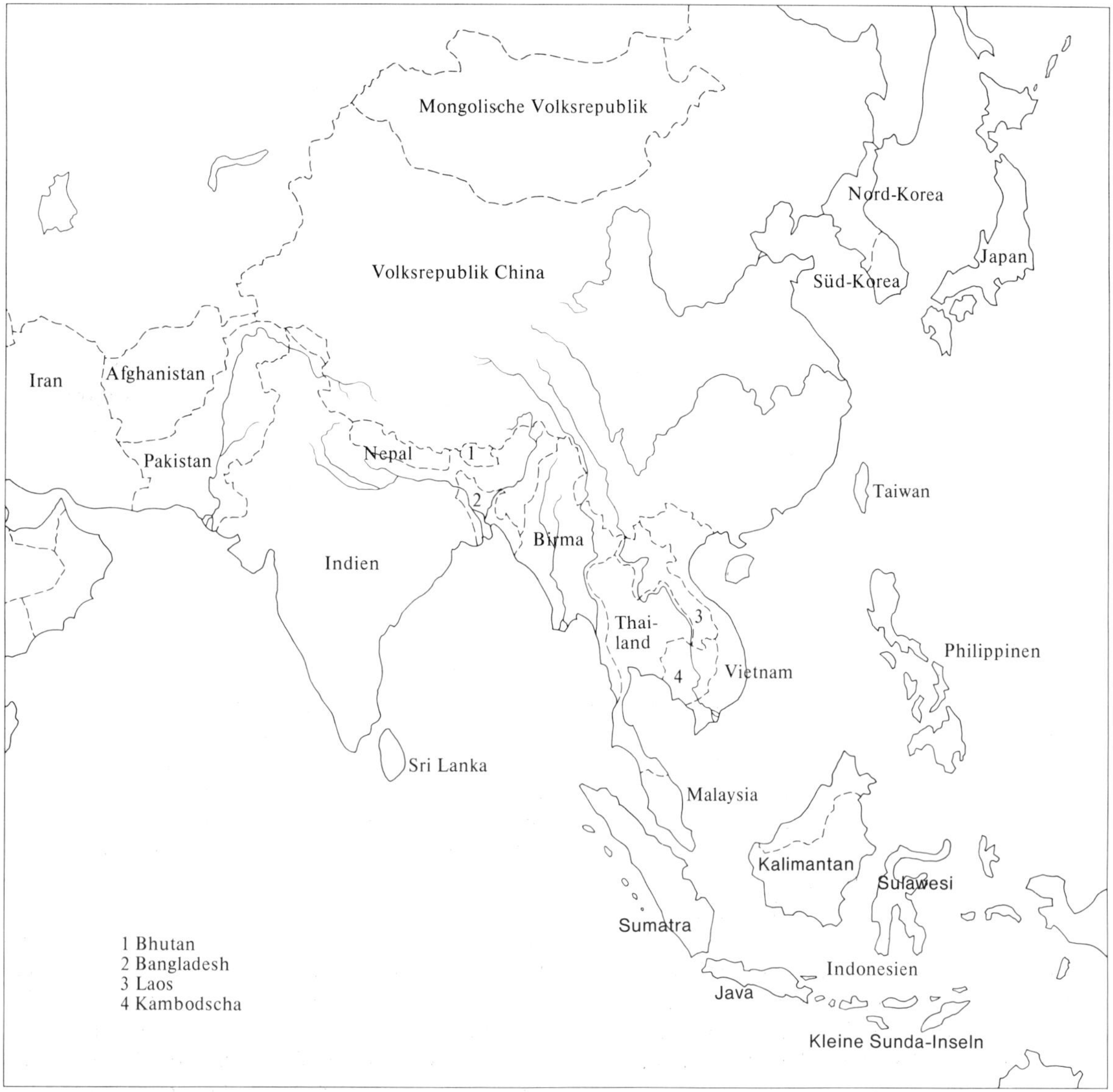

Quelle: *World Atlas of Agriculture.* Novarra 1969

sind schließlich auch jene asiatischen Reisbaugebiete, die nicht künstlich, sondern ausschließlich durch aufgestautes Regenwasser bewässert werden. Mit der Bearbeitung des Bodens wird hier solange gewartet, bis die mit dem Westmonsun herangeführten Regenfälle den Boden hinreichend aufgeweicht haben. Die Aussaat ist in solchen Gebieten – zum Beispiel Ost-Indonesien – also erst nach Beginn der Regenzeit möglich.

Reisanbau mit regulierter Bewässerung

Bei den Anbausystemen mit regulierter Bewässerung ist zu unterscheiden zwischen einem Dauerfeldbau, bei dem für die Bewässerung natürliche Quellen, Flüsse, Seen oder Teiche zur Verfügung stehen, und einem Dauerfeldbau, bei dem das Wasser mittels Kanälen oder Wasserreservoirs auf künstliche Weise den Feldern zugeführt wird. Der Naßreisbau mit regulierter Bewässerung, seine technischen, kulturellen und sozialen Verflechtungen, werden noch ausführlich zur Sprache kommen.

Mit der Ausweitung der Reisbaugebiete über die naturgegebenen Grenzen hinaus haben sich die asiatischen Reisanbauflächen um ein Vielfaches vergrößert. Durch Eindämmung der Felder, Zuführungsgräben und -kanäle, Schleusen, Tunnelbauten, vor allem aber durch die Kunst des Terrassierens hat sich der Naßreisbau über die Talbecken und -ebenen hinaus verbreiten können. Verfeinerte Bewässerungstechniken und Pflugbau ermöglichten es schließlich den Bauern, die Bewässerung beziehungsweise die zeitweilige Trockenlegung ihrer Felder zur Reifezeit zu kontrollieren. Während in Birma, Thailand, Kambodscha oder Malaysia nur selten steile Hänge terrassiert worden sind, wurden in China, auf den Philippinen und in Indonesien große Anstrengungen zur Ausweitung der Reisbaugebiete durch den Bau standfester Terrassen unternommen. Die Naßreisbauern dieser Länder haben damit eine Landschaftsarchitektur geschaffen, die zu den größten und schönsten kulturellen Leistungen der Bauernvölker dieser Welt gezählt wird.

Wanderfeldbau
Beispiel: Indonesien

Wanderfeldbau ist in einem breiten Gürtel rings um den Äquator verbreitet und findet sich in den Wald- und Savannenländern Südamerikas, Afrikas, Süd- und Südostasiens als auch in Teilen Ozeaniens. Nach Schätzungen der Welternährungsorganisation FAO betrieben noch im Jahre 1957 rund 200 Millionen Menschen Wanderfeldbau, auf einer Gesamtfläche von etwa 33 Millionen Quadratkilometern, von der jährlich 10 bis 20 Prozent bebaut wurden. Heute überleben die Systeme des Wanderfeldbaus vielfach nur noch in Gebieten, in die der Pflug nicht vorgedrungen und deren Bevölkerungsdichte so niedrig ist, daß die für den Erfolg des Anbaus entscheidenden langen Brachezeiten eingehalten werden können. Sehr oft handelt es sich bei den Wanderfeldbauern um Bergstämme oder Bergvölker, die sich ethnisch, sprachlich, gesellschaftlich und religiös von den seßhaften Bauern in den Tälern und Ebenen unterscheiden.

Wanderfeldbau ist bei vielen indonesischen Stämmen und Völkern auch heute noch von großer Bedeutung. Da bei dieser Art des Anbaus meist Waldstücke, Busch oder Savannen mittels Feuer gerodet werden, spricht man häufig auch von Brandrodungsfeldbau. Am deutlichsten ist das agrarkulturelle System des Wanderfeldbaus *(ladang)* auf der Insel Borneo erhal-

Südostasien: Wanderfeldbau

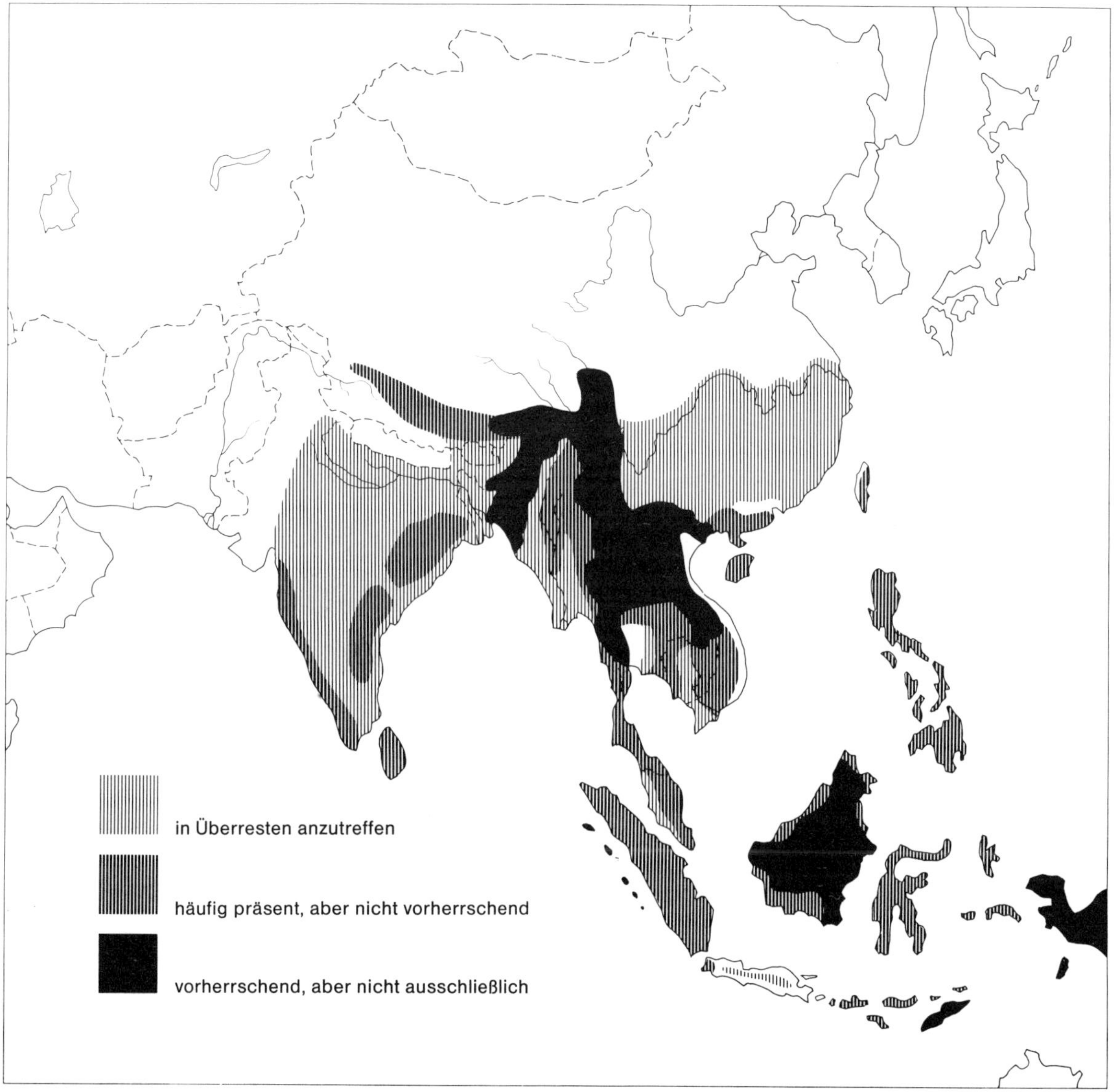

Quelle: Spencer, J.E.: *Shifting Cultivation in Southeastern Asia.* In: *University of California Publications in Geography.* No. 19/1

ten geblieben: bei den altindonesischen Völkern und Stämmen, die in der Literatur oft unter der kollektiven Fremdbezeichnung Dayak erscheinen und die sowohl im indonesischen Teil der Insel (Kalimantan) als auch im malaysischen (Sarawak, Sabah) leben.

Die verschiedenen Gruppen der Batak auf dem Hochplateau um den Toba-See im nördlichen Zentral-Sumatra pflanzen zwar vor allem Naßreis an, doch findet man in den weniger fruchtbaren Gebieten auch Brandrodungsfeldbau mit Trockenreis, Yams, Süßkartoffeln, Kaffee und Tabak. Auch in West-Sumatra, in den Wäldern der Hochländer an der Ost- und Westküste, trifft man neben Bewässerungsfeldbau Brandrodung an. Im Rejang-Gebiet Süd-Sumatras wurde Reis bis etwa 1850 fast ausschließlich auf Brandrodungsfeldern angebaut. Die niederländische Kolonialregierung förderte in der Folge aber den Naßreisbau so stark, daß sich das traditionelle Anbausystem heute nur noch in den Hochländern erhalten hat.

Auf der westlich von Sumatra gelegenen Insel Nias war der Wanderfeldbau bis ins 19. Jahrhundert die einzig bekannte Wirtschaftsform. Der Naßreisbau, zunächst in einfachen Formen praktiziert, wurde hier vor allem nach dem Zweiten Weltkrieg von den Europäern stark gefördert. Während in Sulawesi, dem früheren Celebes, das dicht bevölkerte vulkanische Flachland an der Süd- und Nordspitze Naßreisbau erlaubt, blieb das gebirgige, dünnbesiedelte Hinterland bis ins 20. Jahrhundert von der Außenwelt unbeeinflußt. Hier wird der Reis nach wie vor überwiegend auf Brandrodungsfeldern kultiviert. Die Toraja kennen jedoch auch Naßreisbau auf eingedämmten, durch Regenfälle bewässerten Feldern. Dies gilt auch für die Bewohner der kleinen Sundainseln Flores, Roti, Sumba und Timor, die Reis und Mais im Brandrodungsfeldbau anbauen und, wo möglich, zum saisonalen Naßfeldbau auf natürlich bewässerten Feldern übergegangen sind.

Kennzeichen des Wanderfeldbaus

Bei den Anbausystemen des Wanderfeldbaus wechseln kurze Perioden der Bodenbearbeitung mit langen, für die Wiedererlangung der Fruchtbarkeit unerläßlichen Bracheperioden ab. Auf Anbauphasen von wenigen Jahren folgen also längere Perioden, in denen der Boden sich selbst überlassen bleibt. Die Anbauflächen, durch Rodung geschaffene Felder, müssen aufgrund der starken Erschöpfung des Bodens ständig verlegt werden. Sie wandern innerhalb eines Territoriums, das sonst von einer natürlichen Pflanzendecke überzogen wäre. Entfernen sich die Felder mit der Zeit immer mehr von der Siedlung, so wird auch die Verlegung der Wohnsitze nötig, um die Transportwege vom Feld zur Behausung zu verkürzen. Die Verlegung ganzer Siedlungen drängt sich besonders dort auf, wo lineare Wanderungen zu immer neuen, weiter entlegenen Rodungen führen. Wo bei zyklischen Wanderungen innerhalb eines bestimmten Territoriums die Siedlungen dauerhaften Charakter erhalten, werden im allgemeinen Häuser von festerer Konstruktion gebaut. Neben dem Feld- und Gartenbau – in Hausgärten mit Gemüsen und Obstbäumen – spielen auch das Sammeln wilder Früchte, die Jagd und Kleinviehzucht eine wichtige Rolle bei der Ernährung.

Zwischen den einzelnen Systemen des Wanderfeldbaus bestehen zum Teil erhebliche Unterschiede in bezug auf Vegetation – Wald, Busch oder Savanne -, Rodungsart, Pflanzenkombination und Arbeitsgeräte. Groß sind die Unterschiede auch bei der Intensität der Bodennutzung, die sich vor allem in der Beziehung zwischen Anbauphase und Brache ausdrückt.

Je kürzer die zwischen zwei Anbauphasen liegende Zeit ist und je größer das Anbaugebiet im Vergleich zum Gesamtgebiet wird, desto seßhafter und andauernder wird der Feldbau.

Mischanbau

Der Reis ist in vielen bäuerlichen Kulturen Indonesiens von so großer Bedeutung, daß oft übersehen wird, daß er meist zusammen mit dem Anbau anderer Nutzpflanzen erfolgt. Wanderfeldbausysteme sind in der Regel Mischanbausysteme, in denen gleichzeitig eine ganze Reihe von vermischt wachsenden Nutzpflanzen auf demselben Feld gezogen werden, auf dem nach der Brandrodung auch höhere Bäume, Baumstümpfe und große Wurzeln stehen bleiben. Da der Wanderfeldbauer die Natur imitiert, pflanzt er, nach bestmöglicher Anpassung an die Umweltbedingungen und die Qualität des Bodens, mehrere Gewächse so an, daß sich in verschiedenen Bodenschichten Wurzelsysteme bilden, die eine optimale Ausnutzung der Nährstoffe und des Wassers gewährleisten.

Einige Anbaupflanzen des Wanderfeldbaus

Reis	*Oryza sativa*
Hiobsträne	*Coix lacrima*
Yams	*Dioscorea sativa*
Taro	*Colocasia antiquorum*
Bohnenstrauch	*Cajanus indicus*
Vigna-Bohne	*Vigna sinensis*
Mungo-Bohne	*Phaseolus mungo*
Zuckerrohr	*Saccharum officinarum*
Gurken	*Cucumis sativus*
Melonen	*Cucumis melo*
Flaschen- oder Kalebassenkürbis	*Lagenaria vulgaris*
Betelpfeffer	*Piper betle*
Bananen	*Musa paradisiaca*
Brotfruchtbaum	*Artocarpus incisa und integrifolia*
Kokospalme	*Cocos nucifera*
Arekapalme	*Areca catechu*
Mango	*Mangifera indica*
Zitrone	*Citrus medica*
Limone	*Citrus limonum*
Ingwer	*Zingiber officinale*
Gelbwurz	*Curcuma longa*
Indigo	*Indigofera tinctoria*

Das Pflanzmuster ist darüber hinaus auf ein Wachstum in mehreren Etagen ausgerichtet. So fällt der tropische Regen nicht direkt auf den Boden, sondern stufenweise von hohen Bäumen auf mittlere oder Stauden, von da auf erdnahe Gewächse und erst dann auf den Boden. Ein solcher Anbau verhindert nicht nur Bodenerosion, er ermöglicht gleichzeitig eine bessere Licht- und Sauerstoffaufnahme auf allen Ebenen. Auch garantieren die unterschiedlichen Wachstumsphasen eine ausgeglichenere Nahrungsversorgung über das ganze Jahr hinweg. Mischkulturen sind im weiteren weniger anfällig für Schädlinge und Krankheiten als Monokulturen.

In den Waldregionen Indonesiens eignen sich neben dem Bergreis besonders stärkemehlhaltige Knollenpflanzen wie Maniok, Süßkartoffeln, Yams oder Taro und Bananenstauden für den Anbau. In Feldern, Hausgärten und Baumhainen werden darüber hinaus zahlreiche Gemüse, Gewürze, Heilpflanzen, Baum- und Strauchfrüchte für den Eigenbedarf oder auch den lokalen Markt angepflanzt.

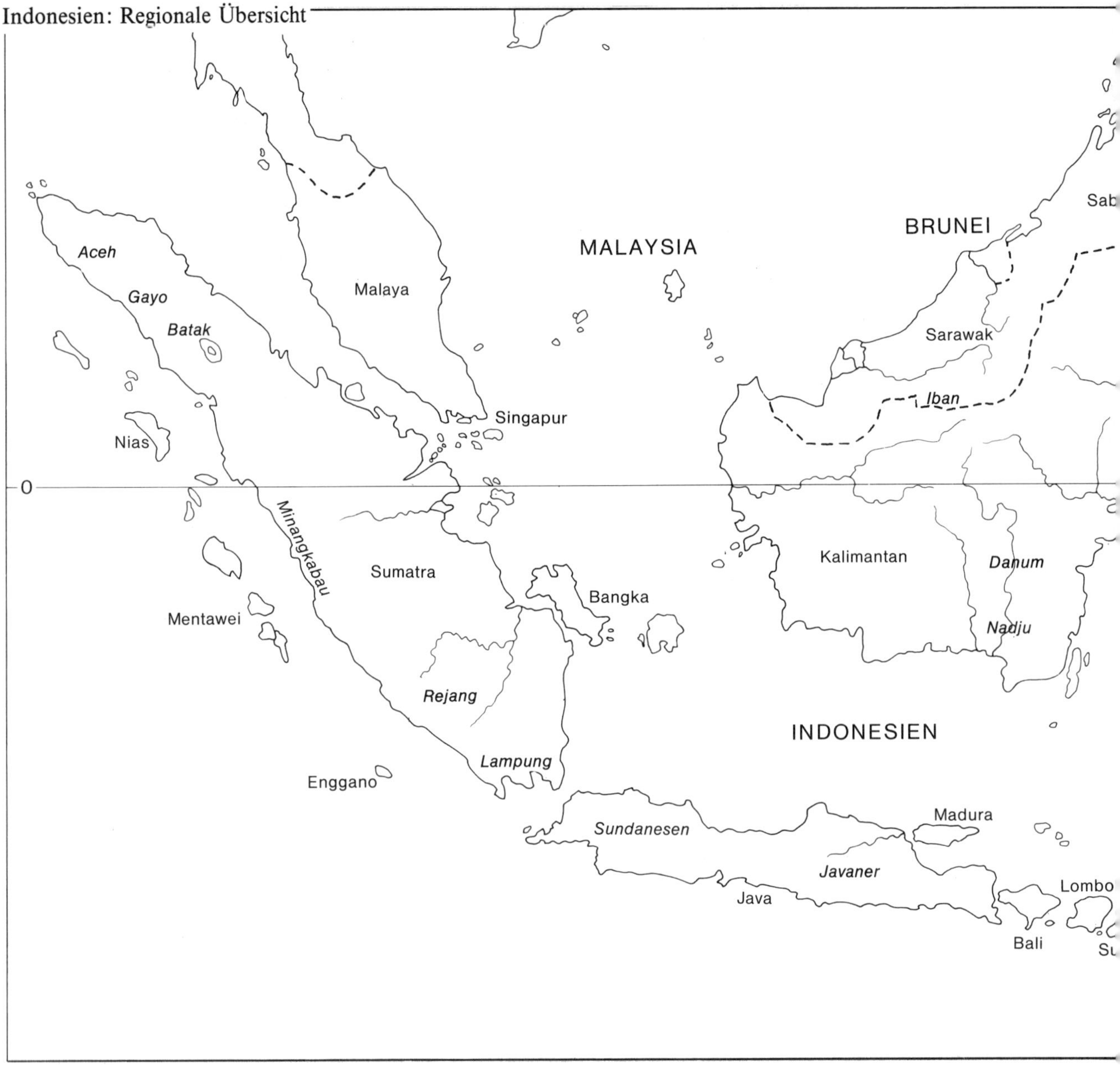
MALAYSIA
BRUNEI
Sab
Malaya
Aceh
Gayo
Batak
Sarawak
Iban
Singapur
Nias
0
Minangkabau
Sumatra
Kalimantan
Danum
Bangka
Mentawei
Nadju
Rejang
INDONESIEN
Lampung
Enggano
Madura
Sundanesen
Javaner
Java
Lombo
Bali
Su

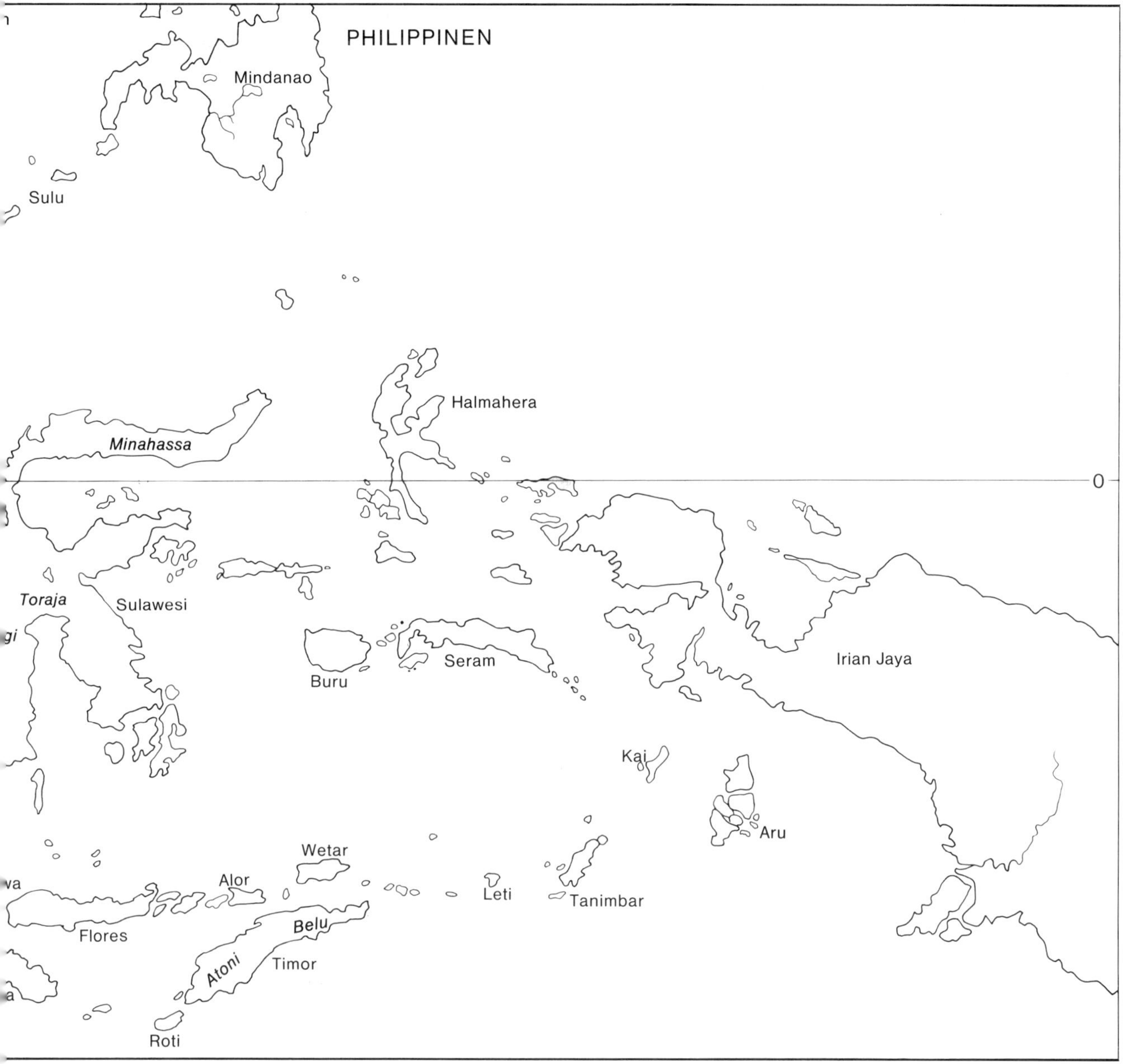

PHILIPPINEN
Mindanao
Sulu
Halmahera
Minahassa
0
Toraja
Sulawesi
Buru
Seram
Irian Jaya
Kai
Aru
Wetar
Alor
Leti
Tanimbar
Flores
Belu
Atoni
Timor
Roti

Bodenertrag und Wiederbenutzung

In den feuchten und halbfeuchten Klimazonen findet sich der Hauptanteil der Nährstoffe nicht im Boden, sondern in der lebenden Vegetation. Je feuchter und wärmer das Klima und je ärmer die Böden, desto schneller brechen die organischen Substanzen zusammen, von denen der tropische Regenwald lebt. Trotz der düngenden Wirkung der von verbrannten Bäumen und Sträuchern stammenden Asche erschöpft sich der geringe Nährstoffgehalt des tropischen Waldbodens nach der Rodung schnell. Die zunächst sehr hohen Bodenerträge gehen nach zwei bis drei Jahren sehr stark zurück, so daß die Felder aufgegeben werden und dieselbe Fläche erst nach einer Brache von 15 bis 20 Jahren wieder genutzt werden kann, nachdem neuer Wald nachgewachsen ist. Bei zu kurzen Brachezeiten wird die Erde derart erschöpft, daß Imperata-Gras zu wuchern beginnt, das nur mühsam mit schweren Grabstöcken beseitigt werden kann.

Die ersten Gewächse gedeihen vergleichsweise gut, aber in den folgenden Jahren werden die Ernten immer geringer. Clifford Geertz hat festgestellt, daß die dritte Ernte auf unstabilen Regenwaldböden im allgemeinen nur noch halb so ergiebig ist wie die erste. Nicht selten wird deshalb auf den *ladang*-Feldern Indonesiens Reis als erste Frucht angepflanzt, da er die höchsten Ansprüche an den Feuchtigkeits- und Nährstoffgehalt des Bodens stellt: Seine erste Ernte ist, dank der im Boden gespeicherten Nährstoffe, meist überdurchschnittlich gut.

Arbeitsgeräte

Da tropische Waldböden arm und leicht verwundbar sind, eignen sie sich nicht für Arbeitsgeräte, mit denen die Erde aufgerissen wird. Zwar gelangen bei starkem Krautunterwuchs gelegentlich Hacken als Jätgeräte zum Einsatz, Pflüge jedoch gehören nicht in den tropischen Regenwald. Mit dem Grab- und Pflanzstock, dem typischen Bodenbearbeitungsgerät des Wanderfeldbaus, wird ökologisch genau der gegenteilige Effekt wie beim Umbrechen oder Hacken der Schollen angestrebt. Da die Struktur des Waldbodens und sein Feuchtigkeitsgehalt auf keinen Fall gestört werden dürfen, wird für die Saat lediglich ein kegelförmiges Loch in den Boden gestoßen, das nach der Aussaat wieder zugetreten wird.

Der Grabstock ist ein Universalgerät, das je nach Bedarf zum Ausgraben von Wurzeln, zum Stechen von Pflanzlöchern, zum Jäten und manchmal auch beim Ernten von Knollenfrüchten verwendet wird. Im einfachsten Fall handelt es sich um einen gewöhnlichen, unten gleichmäßig oder abgeschrägt zugespitzten Stab. Gelegentlich trifft man auf Versuche, dem unteren Ende des Stocks mehr Fläche zu geben. Von dieser einfachsten Spatenform bis zum ausgebildeten Spaten sind verschiedene Übergänge zu finden. Vereinzelt werden auch Grabstöcke mit angebundenen, eingesteckten oder in Tüllenform aufgesteckten Spitzen, Eisenplättchen oder Klingen verwendet.

Zum Schlagen des Unterholzes und kleinerer Bäume benutzt man heute in erster Linie das stählerne Buschmesser, das in zahlreichen Abwandlungen vorkommt und außerdem als Waffe und für verschiedene Haushaltsarbeiten verwendet werden kann. Zum Fällen größerer Bäume werden winkelgeschäftete Beile, Äxte nach europäischem Vorbild und mitunter auch schon Motorsägen verwendet.

Rituelle und landwirtschaftliche Arbeiten im Urwald

Der französische Kulturanthropologe Georges Condominas plädiert in seinem agrarkulturellen Werk wiederholt dafür, neben der landwirtschaftlichen auch die rituelle Technologie des Wanderfeldbaus in die Beobachtungen, Beschreibungen und Analysen miteinzubeziehen. Neben den verschiedenen Anbauphasen, den Arbeitsgeräten, der Verteilung der Arbeitskraft und des Saatguts sind demnach auch die damit verbundenen Riten gemeinsam mit den eigentlichen Techniken des Landbaus zu betrachten – und nicht getrennt davon, in einem mit "Religion" überschriebenen Kapitel, wie es in ethnologischen Monographien häufig der Fall ist.

Für Missionare, Ökonomen und Technokraten sind solche Rituale mit ihrer reichen Symbolhaftigkeit und ihren Tabus seltsame Blüten des Irrationalismus und Aberglaubens. Jeder Forscher, der sich über längere Zeit mit traditionellen Agrarkulturen befaßt hat, weiß, daß Ritual und Technologie in diesen Gesellschaften untrennbar miteinander verbunden sind. Menschen, die sich fortdauernd mit der Seele des Reises beschäftigen, wissen auch die verfügbaren Ressourcen, den Spielraum der natürlichen Mitwelt und der technischen Möglichkeiten und Grenzen, diese zu verändern, richtig einzuschätzen.

In allen traditionellen Reisbaukulturen Südostasiens werden Kenntnisse materieller Techniken und ritueller Technologie als selbstverständliche Voraussetzung für eine – existentielle – Arbeit angesehen, die sowohl materielle als auch ideologische und rituelle Tätigkeiten beinhaltet. Das gilt in gleichem Maße für die Wanderfeldbauern auf Borneo wie für die Naßreisbauern auf Bali, die für die Arbeit auf dem Feld und in den Tempeln dasselbe Wort verwenden: *gae* im nieder- beziehungsweise *karya* im hochbalinesischen.

In der modernen Zivilisation wird die materielle Technologie aus diesem Gesamtzusammenhang herausgelöst und verabsolutiert. Glaubensvorstellungen und rituelle Techniken der Beeinflussung werden entweder als Aberglaube abgetan oder als religiöser Überbau in getrennten Kapiteln losgelöst betrachtet. Die agrarkulturelle Betrachtungsweise bleibt dagegen ganzheitlich. Für sie gibt es einerseits die Arbeit mit dem Werkzeug, eine Folge zielgerichteter Handlungen, mit denen etwas bewirkt oder ein Produkt hergestellt werden soll. Diese zielgerichteten Handlungen werden jedoch auf einer assoziativen Ebene des Denkens und Handelns durch andere, ebenso wichtige Handlungen ergänzt, die den Nutzen und das Produkt in seinem Werden und Wesen beeinflussen sollen. Beide Technologien, die materielle und die rituelle, bilden ein untrennbares Ganzes.

Vor diesem Hintergrund sollen die Arbeitsprozesse des traditionellen Reisbaus dargestellt werden: als existentielle Tätigkeiten, die das ganze Leben in sich begreifen.

Sternbilder und Vogelomen

Keine Sternkonstellation hat im Landbau der Völker weltweit eine so große Bedeutung erlangt wie die Plejaden. Als Siebengestirn, das geformt ist wie ein Knäuel, sind die Plejaden zum Gegenstand von Mythenbildungen geworden: bei den alten Hellenen, bei den Völkern und Stämmen Süd-, Südost- und Ostasiens, bei nord- und südamerikanischen Indianern, bei Völkern und Stämmen Afrikas und Ozeaniens. Hinter den Plejaden wandert am Himmelsgewölbe das Sternbild des Orion, deutlich erkennbar an seinem dreigliedrigen sogenannten Jakobsstab. Oftmals werden die beiden Sternbilder miteinander verknüpft: Das kleine Siebengestirn wird vom mächtigen Orion verfolgt. Bei vielen Bauernvölkern gelten Plejaden und Orion als direkte Urheber meteorologischer Erscheinungen, deren Auftauchen und Verschwinden die Jahreszeiten und damit die Anbauzyklen von der Aussaat bis zur Ernte bestimmen.

In der zweiten Maihälfte gehen die Plejaden zusammen mit der Sonne auf und unter und sind deshalb von keinem Punkt der Erdoberfläche wahrnehmbar. In der Folge tritt das Gestirn zunächst am Morgenhimmel auf, und zwar einige Zeit vor Sonnenaufgang. Die Zeit der Sichtbarkeit am Nachthimmel wächst nun von Tag zu Tag, so daß in der zweiten Novemberhälfte das Sternbild die ganze Nacht hindurch beobachtet werden kann.

Bereits die alten Griechen richteten sich beim Getreideanbau nach dem Erscheinen der Plejaden. Für die Römer war ihr Frühaufgang identisch mit dem Sommeranfang, ihr Frühuntergang im November leitete den Winter ein. Die Inka verehrten sie mit kultischen Opfern, und auch in vielen afrikanischen Stämmen werden die Zyklen des Landbaus durch den Stand der Plejaden bestimmt. Die wohl größte agrarkulturelle Bedeutung hat das Sternbild jedoch bei den malayo-polynesischen und melanesischen Stämmen und Völkern erlangt. Im ganzen südostasiatischen Archipel, in Melanesien und Polynesien, bis nach Hawaii und Madagaskar sind die Plejaden und Orion mit Aussaat und Ernte verknüpft.

In Indonesien spielen die beiden Konstellationen bei der Zeitbestimmung landwirtschaftlicher Arbeiten sowohl im System des Wanderfeldbaus als auch im Naßreisfeldbau eine wichtige Rolle. Der Jakobsstab des Orion wird als symbolisches Abbild des Pfluges beziehungsweise seiner Grindel gedeutet: Das Sternbild heißt infolgedessen "Pflug" oder *tenggala*. Steht es vor Beginn der Dämmerung im Zenit, ist für die Balinesen die Zeit reif für den Arbeitsbeginn in den Naßreisfeldern. Beim Trockenfeldbau in den Berggebieten richtet man sich jedoch nach dem Stand der Plejaden (javanisch *lintang buluh*, balinesisch *kartika*). Auch auf Java, Madura und Lombok werden zu Beginn des neuen Reisbauzyklus die beiden Gestirne beobachtet. Für genauere Zeitbestimmungen werden desweiteren verschiedene Zeichen in der Umwelt beachtet, etwa die Wachstumsphasen einzelner Pflanzen und Bäume oder das Erscheinen bestimmter Insekten. Oftmals bedient man sich bei der Feinbestimmung des agrarischen Kalenders des Orakels oder aber entwickelter Kalendersysteme, aus denen günstige und ungünstige Tage für die wichtigen Stadien des Reisanbaus hervorgehen.

Auch die Wanderfeldbauern Borneos, denen im folgenden besondere Beachtung zukommt, bestimmen ihre Anbauperioden nach Sonne und Gestirnen, auch hier sind Orion und die Plejaden die wichtigsten Konstellationen. So beginnen beispielsweise bei den Maloh die ersten mit dem Rodungszyklus verbundenen Rituale, wenn Plejaden und Orion unmittelbar vor Einbruch der Dämmerung am Horizont erscheinen. Stehen sie vor Beginn der Dämmerung im Zenit, ist es Zeit, die Pflanzlöcher zu stechen und die Saat auszulegen. Die Kayan und Kenyah, deren Hauptgebiet im Herzen Borneos liegt, der heutigen indonesischen Provinz Ost-Kalimantan, verwenden eine beschnitzte Stange als Sonnenuhr, gibt doch die Länge ihres mittäglichen Schattens den richtigen Zeitpunkt für das Fällen und Brennen der Bäume und die Aussaat an.

Der Frühaufgang der Plejaden steht auch bei den Iban an den Flüssen Nord-Sarawaks, in Süd-Sarawak und – im indonesischen Teil Borneos – im Norden von West-Kalimantan am Beginn des Landbauzyklus. Erscheint Anfang Juni das Siebengestirn kurz vor Tagesanbruch am Horizont, so wird es Zeit für

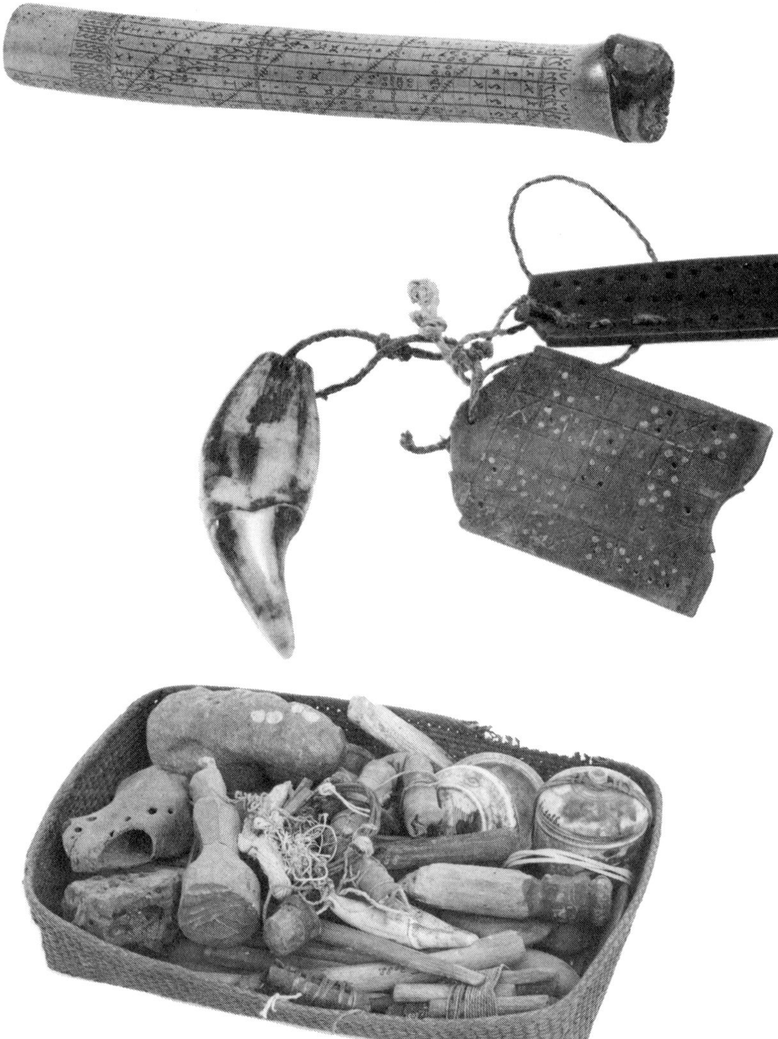

von oben nach unten:
Sumatra: Bambuskalender mit Schriftzeichen der Batak (Inventarnummer MVB II c 7660)
Sumatra: Kalender und Amulett der Minangkabau (Inventarnummer MVB II c 164)
Kalimantan: Orakelkorb der Ngaju-Dajak zur Bestimmung günstiger und ungünstiger Tage (Inventarnummer MVB II c 3088)

ausgedehnte Einweihungsrituale, in denen den heiligen Vögeln geopfert wird und günstige Vorzeichen für das Schlagen des Waldes gesucht werden. Stehen die Plejaden kurz vor der Dämmerung im Zenit, beginnt das Stechen der Pflanzlöcher und die Aussaat. Haben Orion und Sirius den Zenit vor der Dämmerung überschritten, so fehlt der Reispflanze die Zeit, um genügend ausreifen zu können. Die korrekte Beobachtung der Gestirne ist in Gebieten, in denen es aufgrund des gleichbleibenden Äquatorialklimas keine Jahreszeiten gibt, an denen sich die Bauern orientieren können, von äußerster Wichtigkeit.

Bei den Iban liegt die Organisation der Reisrituale in den Händen spezialisierter Auguren. Ihre Aufgabe besteht darin, die richtigen und für alle Phasen des Reisanbaus und -wachstums wichtigen Vogelzeichen wahrzunehmen und zu deuten. Jede Vogelart hat ihre typischen Nahrungsgewohnheiten, ihr eigenes Flugverhalten, ihren Ruf oder Gesang und ihre besondere ökologische Nische. So lassen sich auch aus ihren Gewohnheiten Zeichen ablesen, deren symbolischer Bedeutungsgehalt die Interpretation bestimmt. Günstige Vorzeichen ermutigen die Bauern und geben ihnen Vertrauen in ihre Arbeit.

Die sieben Omenvögel der Iban haben göttlichen Charakter. Zusammen mit dem höchsten Kriegsgott und Wächter über alle menschlichen Tätigkeiten, Singalang Burong, bewohnen sie ein für die Siedlungsform der Iban typisches Langhaus. Fünf unter ihnen sind mit Töchtern des Hochgotts verheiratet, sind also seine Schwiegersöhne. Die Gottheiten tragen zwar in der Vorstellung der Iban durchaus menschliche Züge, zeigen sich jedoch den Menschen ausschließlich in der Gestalt von Vögeln. Singalang Burong selbst verkörpert sich im Brahminenmilan *(Haliastur indus),* dem auf Borneo am weitesten verbreiteten Raubvogel. Er zeigt sich den Iban nur selten und läßt seinen Willen über die Omenvögel verkünden.

Die sieben Omenvögel:
Malayenmausspecht *(Sasia abnormis): ketupong*
Wellenliest oder Schönliest *(Lacedo pulchella): embuas*
Rotbürzeltrogon *(Harpactes duvaucelii): beragai*
Halsbandtrogon *(Harpactes diardii): papau*
Haubenhäher *(Platylophus galericulatus): bejampong*
Maronenspecht *(Blythipicus rubiginosus): pangkas*
Shamadrossel *(Copsychus malabaricus): nendak*

Roden und Brennen

Der Landbauzyklus der Iban und der mit ihnen verwandten Kantu' beginnt mit einer Reihe von Ritualen, in deren Brennpunkt große, sakrale Wetzsteine stehen, mit denen die Klingen der Buschmesser und Beile geschärft werden. Stehen die Plejaden bei Tagesanbruch erstmals über dem Horizont, wird mit Roden begonnen – ausgehend vom Zentrum, dem rituellen Mittelpunkt des Feldes. In einem ersten Arbeitsgang wird der Unterwuchs beseitigt: Büsche, Farne, Schlingengewächse und auch junge Bäume, die sich noch mit dem Buschmesser schlagen lassen. Das schwere Buschmesser, dessen einschneidige Klinge messerartig geschäftet ist, wird nach der Arbeit in eine hölzerne, zum Teil durchbrochen geschnitzte Scheide gesteckt. Bei einem durchschnittlichen Arbeitsaufwand von rund fünfeinhalb Stunden täglich benötigen die Kantu'-Familien für das Säubern von einem Hektar Land sieben bis acht Arbeitstage.

Männer, Frauen und Jungen sind gemeinsam an dieser verhältnismäßig leichten, für einen guten Brand aber äußerst wichtigen Arbeit beteiligt. Durch ein sorgfältiges Abschlagen der Vegetation lassen sich später die größeren, weniger leicht brennenden Bäume einfacher entzünden. Die schwierige Arbeit des

Baumfällens wird von den Männern verrichtet. Falls das Feld in unberührtem Urwald angelegt wird, werden die schlanken Bäume zuerst und die großen zuletzt gefällt. Als Arbeitsgeräte kommen die traditionellen Beile zum Einsatz, deren einseitig geschliffene Eisenklingen von den Iban selbst geschmiedet werden und die mit den Fasern der Palmenart Rotan am Hartholzschaft befestigt sind. Daneben sieht man jedoch auch moderne zweischneidige Äxte, die bei chinesischen oder malayischen Händlern gekauft werden. Gelegentlich wird die Stille des Urwalds auch durch das Kreischen einer Motorsäge aufgerissen.

Das Fällen größerer Bäume erfordert Kraft, Geschick und Ausdauer. Zum einen soll auf diese Weise Aschendünger gewonnen, zum anderen Durchlaß geschaffen werden für das den Pflanzenwuchs begünstigende Licht. An die mächtigen Urwaldriesen mit weit ausladenden Brettwurzeln, die ein Fällen vom Boden aus unmöglich machen, werden drei bis sechs Meter hohe, mit Lianenbindungen stabilisierte Gerüste, Holz- oder Bambusplattformen befestigt, von denen aus der Stamm so bearbeitet werden kann, daß er schließlich in die gewünschte Richtung fällt. Sekundärwald wird ohne die technischen Schwierigkeiten und Gefahren, die der primäre Urwald mit sich bringt, in etwa einem Viertel der Zeit mit der Axt geschlagen. Nach dem Fällen werden Äste und Zweige abgehackt und, zusammen mit dem Unterwuchs, für den Brand aufgeschichtet. Es vergehen nun mehrere Wochen, in denen Unterholz und Bäume in der tropischen Sonne trocknen.

Anläßlich der Rodungsarbeiten werden in vielen indonesischen Wanderfeldbau-Kulturen rituelle Vorschriften beobachtet oder eigentliche Rituale veranstaltet, deren Ziel die Versöhnung der Wald-, Baum- oder Erdgeister ist. Bei den Iban läßt der Augur der manuellen Arbeit ein Ritual zugunsten aller Felder des Langhauses vorausgehen. Er sieht dabei nochmals nach günstigen Vorzeichen und versöhnt die Wald- und Erdgeister. Bei den Dusun, den alteingesessenen Bewohnern der nördlichsten Spitze der Insel Borneo, werden die Baum- und Erdgeister aufgefordert, ihren Wohnort zu verlassen und an andere Orte zu ziehen, und gute Geister gebeten, bei der Arbeit zu helfen. Nach dem Fällen wird den fortziehenden Geistern ein Schwein geopfert. Die Ot' Danum an den Oberläufen von Kapuas, Kahayan und Katingan opfern den Erdgeistern vor Beginn der Arbeiten ein Huhn und Reis und bitten sie damit, das Feld zu räumen.

Auch bei den Toraja-Gruppen in Sulawesi spielen Vogelomen und Orakel im Reisbau eine wichtige Rolle: Der Leiter der Ackerbaugemeinschaft versucht mit einem Orakel herauszufinden, ob die Erdgeister die Benutzung des Feldes erlauben; geopfert wird den Ahnen, Baum- und Himmelsgeistern. Ähnliche Rituale mit Bitten an Erd- und Baumgeister, sich von den Feldern zu entfernen, sind auch auf den kleinen Sundainseln Sumba und Timor üblich. Bei den Tobelo auf Halmahera versucht der Besitzer des Feldes durch Wahrsagerei herauszufinden, ob böse Geister auf seinem Felde hausen, die das Wachstum des Reises beeinträchtigen könnten.

Nach dem Roden sind auf den Feldern nur noch große Nutzbäume zu finden und solche, die den zu bepflanzenden Raum begrenzen. Sie spenden Schatten und erlauben eine bessere Kontrolle des Brandes. Der Zeitpunkt des Brandes – eine der kritischsten Phasen des ganzen Anbauzyklus – wird von den Bewohnern der einzelnen Langhäuser in gemeinsamen Beratungen festgelegt. Mit einem guten Brand gewinnt man genügend Asche für die Düngung und beseitigt Hindernisse, die die Arbeitsbedingungen im

Felde erschweren könnten. Das Wachstum der um Licht, Feuchtigkeit und Nährstoffe konkurrierenden Vegetation wird aufgehalten oder unterbunden, schädliche Insekten beseitigt oder vertrieben.

Sabah: Rodung mit Feldhaus der Dusun

Das Feuer wird mit großen Rinden- oder Bambusfakkeln entfacht und breitet sich rasch über das Gelände aus, muß also sorgfältig kontrolliert werden. Zwei bis drei Tage nach dem Brennen werden in die mit Asche bedeckte Erde Pflanzlöcher gestochen und Saatkörner gelegt.

Aussaat

Oberflächengestalt und unterschiedliche Bodenbeschaffenheit verlangen von den Wanderfeldbauern ein reiches Wissen über die Eigenschaften der verschiedenen Reisarten. Unter den Dayak-Gruppen Borneos sind solche bekannt, die bis zu 50 Reissorten kennen. So pflanzen etwa die Ngaju, deren Siedlungsgebiete an den Flüssen Barito, Kapuas und Kahayan liegen, die Ot' Danum und die Kenyah auf speziell geeigneten Teilen des Feldes schnellwüchsige Sorten an, die bereits nach drei Monaten geerntet werden können. So haben sie auch vor der Haupternte der langsamer wachsenden Sorten Nahrung. Die große Verschiedenartigkeit der Reisvarietäten und der übrigen Nutzpflanzen erlaubt es diesen Gruppen, die Risiken bei optimaler Ausnutzung der Umwelt in einem überschaubaren Rahmen zu halten.

Die Kantu' unterscheiden ihre Nahrungspflanzen in *padi*, Reispflanzen, und *ngkayu*, Nicht-Reispflanzen. Während der Anbausaisons der Jahre 1975 und 1976 wurden auf ihren Feldern mindestens 44 Reisarten mit verschiedenen Bezeichnungen angepflanzt. Diese sind im einheimischen Begriffs- und Unterscheidungssystem auf mehreren unterschiedlichen Ebenen zusammengefaßt:

padi	Reis allgemein	*ngkayu*	Nicht-Reis, Beigaben
padi	nicht klebender Reis	*puloi*	klebender Reis
darat	Trockenlandreis	*paya*	Sumpflandreis
padi pun	sakraler Stammreis	*padi pengapit*	gewöhnliche Varietäten
leman padi	44 individuelle Artenbezeichnungen nach Ursprungsunterschieden und physischen Eigenschaften		

Nach J. Derek Freeman setzt sich das Pflanzmuster einer Iban-Familie aus 15 und mehr unterschiedlichen Reisvarietäten zusammen, die teils nach agronomischen, teils nach rituellen Gesichtspunkten angepflanzt werden. Das Saatgut wird sorgfältig von den Frauen ausgewählt. In ganz Borneo tragen sie bei der Aussaat, der Ernte und beim Einbringen in die Speicher einen großen Teil der Verantwortung.

Die Iban pflanzen zuerst *padi pulut*, einen Klebreis, und *padi muda*, einen schnellwüchsigen Reis, denn es gilt, so bald als möglich wieder frischen Reis in der Küche zu haben. Zwei bis drei Tage nach dem Brennen, im September, beginnt die Aussaat. Meist wird ohne weitere Vorbereitungen zwischen die verbliebenen Baumstümpfe gesät. Dabei wird, wie bei den meisten Dayak-Gruppen, eine klare Arbeitsteilung nach Geschlechtern sichtbar: Männer gehen mit dem nahezu zwei Meter langen Pflanzstock voran; die Frauen folgen unmittelbar hinterher, entnehmen ihrem mit kunstvollen Flechtmustern verzierten Saatkorb eine Handvoll bespelzter, in Wasser zum Vorkeimen gebrachter Reiskörner und legen sie in die von den Männern gestochenen kegelförmigen Pflanzlöcher. Ist das um die Hüften getragene Saatkörbchen leer, wird es aus einem großen Saatgutkorb nachgefüllt.

Nun werden verschiedene Varietäten von *padi taun*, dem Alltagsreis der Iban, angepflanzt, und zuletzt folgen die sakralen, für rituelle Zwecke besonders wichtigen *padi pun* und *padi sangking*. Gemeinsam und vermischt mit den verschiedenen Reispflanzen werden Gurken, Senfpflanzen, Kürbisse und – an den Feldrändern – Maniok, Mais und Ananas angepflanzt. Die Kantu' unterscheiden 30 rituelle und nicht-rituelle Nicht-Reispflanzen, von denen jede Familie durchschnittlich und in unterschiedlichen zeitlichen Abständen 20 auf ihren Feldern anpflanzt. Mit Reis gemischt werden hier Hiobstränen, lange Bohnen, Kürbisse, verschiedene Gurkenarten, Pfeffer, Mais, Taro, Maniok, Senf, Bananen, Ananas und Zuckerrohr.

Rituale bei der Aussaat

Mit der Aussaat sind bei allen Dayak-Gruppen, die sakrale Reiszüchtungen besitzen, mehr oder weniger umfangreiche Rituale verbunden, die im rituellen Zentrum des Feldes durchgeführt werden. Hier wird der sakrale Reis angepflanzt, die Seele aller Reise, von deren Wohlergehen Erfolg oder Mißerfolg der Ernte abhängen. Bei den Iban werden bereits bei der Aussaat die rituellen Vorschriften des Erntens vorweggenommen. Das älteste weibliche Familienmitglied ist dafür verantwortlich, daß so ausgesät wird, daß später in einer ununterbrochenen Spirale von der Außenseite des Feldes zum Zentrum, also zum heiligen Reis hin geerntet werden kann.

Bei den Ot' Danum wird vor Beginn der Aussaat auf dem Opferplatz ein Ritual für die Erdgeister durchgeführt, ein zweites Opfer folgt anschließend auf dem Feld des Häuptlings. Bei den Kenyah, Kayan und Bahau besitzt jede Familie neben einem gewöhnlichen ein geweihtes, heiliges Feld, auf dem alle Rituale von der Aussaat bis zur Ernte stattfinden. Den Auftakt macht hier ein Saatfest, bei dem den Erdgeistern geopfert und der heilige Reis gepflanzt wird. Der erste Tag des Festes endet mit einem rituellen Gemeinschaftsmahl. Im Verlauf des mehrtägigen Saatfestes treten die sogenannten *hudo*-Masken auf, denen die Aufgabe obliegt, die Reisseelen herbeizulocken und sie schließlich tanzend mit einem langen, hölzernen Haken zu sich heranzuholen.

Kalimantan: *Hudo*-Maske der Kayan (Inventarnummer MVB II c 18170)

Opferrituale zur Versöhnung der Erdgeister oder Baumgeister, Lockhandlungen, mit denen die Reisseelen herbeigerufen und ans Feld gebannt werden, Ahnenkulte und Gemeinschaftsmahlzeiten sind auch in vielen anderen Teilen Indonesiens bekannt.

Schutz der Reispflanze während des Wachstums

Der Erfolg der Reisernte hängt bei den Wanderfeldbauern des Regenwaldes nicht nur von einem guten Brand und reichhaltiger Aschendüngung, sondern in ebenso hohem Maße von der mühseligen Arbeit sorgfältigen Jätens derjenigen Pflanzen und Kräuter ab, die zum Reis in Konkurrenz treten und ihn am Wachsen hindern könnten. Schon wenige Wochen nach dem Brennen beginnt sich eine Decke von wildwachsenden Pflanzen zu bilden, die von den Frauen mit der Hand ausgezogen oder mit kurzen Buschmessern oder sichelartigen Arbeitsgeräten entfernt werden. Auch die Männer sind in dieser Zeit nicht untätig, gilt es doch Zäune und Fallen aller Art gegen Hirsche, Wildschweine, Affen und Nager zu bauen.

Besonders gegen Ende der Jätperiode, wenn sich der zuerst gepflanzte Reis der Reife nähert und die ersten Körner sichtbar werden, lauern zahlreiche Gefahren. Besonders gefürchtet sind Insekten wie Reiswanzen, Maulwurfsgrillen, Heuschrecken, Heerwürmer und Stengelbohrer. Gegen alle diese Schädlinge werden neben den traditionellen Giften auch chemische Mittel eingesetzt. Kleine Reissperlinge stürzen sich nun in Scharen auf die reifenden Körner: Sie werden mit Leimruten gefangen oder mit Lianen verscheucht, die quer über die Felder laufen und im Winde schwanken. Auch sieht man Vogelscheuchen in Form von Windharfen, an Pfählen baumelnden Blechbüchsen und anderes mehr. Häufig ist es Aufgabe der Kinder, die gefräßigen Vögel mit Hilfe von Schleudern, Klappern und anderem zu vertreiben.

Wo die Felder in der Nähe des Langhauses liegen, gehen die Frauen früh am Morgen zur Arbeit und kehren erst am späten Nachmittag zurück. Häufig liegen jedoch die Pflanzungen weit von den Siedlungen entfernt, und die Bauern errichten Feldhütten oder -häuser, in denen sie während der arbeitsintensiven Tage und Wochen wohnen. Wer in Feldhäusern lebt, beginnt die Arbeit am kühlen Morgen und setzt sie erst am späten Nachmittag fort.

Ernte

Die Iban können den zuerst ausgesäten Reis nach 143 bis 155 Tagen ernten und umgehen damit nicht selten eine Nahrungsmittelknappheit. Die Haupternte des *padi taun* erfolgt allerdings schon 14 Tage später. Die Kantu' "brechen" bei der Früherernte unreife Rispen aller Varietäten mit einem Buschmesser, um sie für spätere Opferhandlungen aufzubewahren. Die Haupternte erfolgt mit dem Hauptwerkzeug aller indonesischer Reisbauern, dem Erntemesser – in der Regel ein dünnes Eisenblatt, das im Zentrum eines geschnitzten Holzbrettchens befestigt wird. Der vertikale Handgriff wird in der flachen rechten Hand gehalten. Mit dem querschneidigen, gelegentlich auch wiegenförmigen Messer, das zwischen Zeige- und Mittelfinger hervorschaut, werden die Halme knapp unterhalb der Ähren abgeschnitten. Die Rispen werden in einen breiten, mit einem Brustband vor dem Körper befestigten Erntekorb gelegt, der, sobald er voll ist, in große, schlanke Tragkörbe umgeleert wird, die im Zentrum des Feldes stehen. Die Lasten werden von den Männern geschultert und ins Hauptdorf oder ins Feldhaus getragen.

Sabah: Ernte mit dem kleinen Reismesser

Ernterituale

Reis ist für viele Asiaten eine übernatürliche Kraft, eine Macht oder Gottheit, von deren Gnade, Segen und Wohlwollen das menschliche Leben abhängt. Reispflanze und Reiskorn sind deshalb Objekte der Verehrung, und der Respekt, den man der Quelle des Lebens zollt, tritt während und nach der Ernte am deutlichsten in Erscheinung. "Essen" und "Reis essen" sind in vielen asiatischen Reisbaukulturen bedeutungsgleiche Begriffe. Der Mensch lebt hier nicht nur vom Reis, auch sein Körper und seine Seele sind aus ihm gebaut. Wo neben dem Reis auch Knollenfrüchte einen wichtigen Platz in der Ernährung haben, sind diese fast immer von untergeordneter Bedeutung und verleihen der Bauernfamilie kein Prestige. Die Zweitrangigkeit der Knollenfrüchte ist vielfach bereits in den Mythen vorgezeichnet. Im Gegensatz zu den Knollenpflanzen, die von selbst, ohne zielgerichtetes Zutun entstanden sind und nach denen man sich lediglich bücken muß, um sie aufzulesen, ist der Reis eine Frucht anstrengender Arbeit. Genauso wichtig wie gute und harte Arbeit ist aber auch der Segen der Ahnen, der Himmelsgötter und der Erde.

Reis ist für viele asiatische Völker und Stämme himmlischen Ursprungs, das Geschenk einer Gottheit, eines göttlichen Klanvorfahren oder Teil des kosmischen Baumes, der die Welt oder das Leben versinnbildlicht. In einigen Mythen mußten die Menschen den Reis gar im Himmel rauben, wollten sie nicht verhungern, in anderen wiederum gilt der Reis als Körperteil einer getöteten oder verstorbenen Gottheit. Der Ahnenkult gewinnt mit zunehmender Seßhaftigkeit der Völker an Bedeutung. Die Opfergabe wird dabei zum wesentlichen Mittel, den Ahnen und den himmlischen Gottheiten zu danken und die erdgebundenen oder unterirdischen Mächte zu bannen oder zu versöhnen.

Aus Süd- und Südostasien sind unzählige Reisrituale bekannt. Dabei zeigen sich im Hinblick auf die unterschiedlichen Anbaumethoden und Weltbilder der Wanderfeld- und der Naßreisbauern aufschlußreiche Unterschiede, auf die später ausführlicher eingegangen werden soll und die sich vor allem in gewissen Phasen der Bodenbearbeitung und der Aussaat zeigen. Bei der Betrachtung der Ernterituale treten hingegen, besonders in den indonesischen Kulturen, auch einige gemeinsame Züge in Erscheinung. Eines der hervorstechendsten Merkmale der indonesischen Reisrituale überhaupt ist das Konzept einer Reisseele oder Reismutter, ohne deren Gegenwart der Reis wertlos und ohne Geschmack wäre. Die Reisseele offenbart sich in vielen Fällen in Form eines besonders geschmückten Bündels oder einiger besonders hervorgehobener Rispen. Mitunter gilt auch eine bestimmte sakrale Reissorte als Seele, stellvertretend für allen Reis, der auf den Feldern gepflanzt worden ist.

Bei den Iban, die den Reis in der Urzeit vom Gott der Oberwelt erhielten, wird der erste Schnitt von Opferhandlungen begleitet, die verhindern sollen, daß die Reisgeister aus Furcht von den Feldern fliehen. Ritueller Erstschnitt und Haupternte werden hier ausschließlich von Frauen und Mädchen eingebracht. Der Höhepunkt der Ernte wird mit dem Pflücken des heiligen Reises, zunächst des *padi sangking,* dann des *padi pun,* erreicht. Alle an den Erntearbeiten Beteiligten versammeln sich im rituellen Zentrum des Feldes, wo der älteste Mann der Familie die Reisgeister auf das Feld ruft. Erst jetzt wird der heilige Reis, Rispe um Rispe, von einer Frau gepflückt und in einem besonderen Korb nach Hause getragen. Dort wird er mit einem Willkommensritual begrüßt, und die älteste Frau der Familie wählt das Saatgut für die nächste Aussaat aus. Man opfert gemeinsam den Reisgeistern, deren Gegenwart den Ernteertrag auch nach dem Einbringen in den Speicher noch auf geheimnisvolle Weise zu vergrößern vermag.

Die Kantu' betrachten ihr Jahr als mit der Ernte abgeschlossen, das neue Jahr beginnt mit dem Roden neuer Felder. In der Übergangsphase gilt es, viele Kochvorschriften einzuhalten, die vom Respekt für den Reis und seine Seele zeugen. Auch bei den Kenyah, Kayan und Bahau spielen die Frauen im Reisbau eine führende Rolle, sind sie es doch, die die besten Körner als Saatgut auswählen und die ersten Rispen einbringen, also den rituellen Erstschnitt besorgen, der wiederum von Frauen mit priesterlichen Funktionen gestampft und enthülst wird. Die Priesterinnen verhandeln mit der Reisseele und stimmen sie günstig für ihren bevorstehenden Aufenthalt im Reisspeicher.

Für die Dusun ist die Reispflanze aus dem Blut der Tochter des Schöpfergottes entstanden, die während einer Hungersnot getötet und zerstückelt wurde. Bevor die Dusun ihre Erntearbeiten aufnehmen, werden die Reisseelen gerufen, die in sieben ausgesuchten Reisrispen Platz nehmen und Nahrungsopfer erhalten. Die "Wohnsitze" der Reisseelen werden nach Hause gebracht und erhalten dort, im Rahmen eines Erntedankfestes, abermals Nahrungs- und Trankopfer. Bei den Ngaju werden zuerst alle Geräte des Reisbaus mit einem Opfer geehrt. Die zuerst gesäten Reispflanzen werden abgesondert, zu einer Garbe zusammengebunden und feierlich zum Speicher getragen. Diese Garbe ist Sitz der Reisseele.

Das Herausheben besonderer Rispen oder Garben und ihre Bestimmung als Wohnsitz der Reisseele findet sich auch in anderen Gegenden Indonesiens. Wichtig für das Verständnis der Reisrituale der Batak ist die Vorstellung einer Seele *(tondi),* die alle Dinge und damit auch den Menschen und sein Grundnahrungsmittel Reis erfüllt. Damit Mensch und Reis gut gedeihen und wachsen können, muß diese Seele zu bestimmten Zeiten mit Opfergaben zufriedengestellt werden. *Tondi* hat einen eigenen Willen, und ist *tondi* nicht willig, dann entfernt sie sich von den Menschen und dem Reis, von dem sie leben.

Auch unter den schicksalsbestimmenden Mächten der Toraja in Sulawesi hat die Seele des Reises einen festen Platz. Ohne ihre Gegenwart wären die Erträge gering und die Speisen ohne Geschmack. Hier, wie auch in anderen Teilen Indonesiens, wird die Reisseele als weiblich verstanden. Auch bei den Völkern und Stämmen Ost-Indonesiens ist der Reis eine beseelte Pflanze: Es ist die Reisseele, die dem Reiskorn Lebenskraft verleiht. Zollt der Mensch dem Reis zu wenig Respekt, dann entfernt sich seine Seele, und der Reis stirbt. Ausschlaggebend für den Erfolg der Ernten ist hier in besonderem Maße auch die Hilfe der Ahnen. Für sie wird im Laufe des Reisbauzyklus wiederholt geopfert – zu Beginn der Reisernte und beim Einbringen der Garben in den Speicher, das in ganz Indonesien nochmals Anlaß zu rituellen Handlungen gibt.

Bei verschiedenen indonesischen Ethnien – zum Beispiel den Ngaju, den Ot' Danum, den Ost-Toraja oder den West-Sumbanesen – finden im Abstand von einem oder mehreren Jahren eigentliche Stammesfeste statt, die den Abschluß des alten und zugleich die Eröffnung des neuen Reisbauzyklus markieren und so den Charakter von Neujahrsfeiern tragen.

Ökologische Probleme des Wanderfeldbaus

Eine wesentliche Voraussetzung für den Bestand des Wanderfeldbaus und seiner soziokulturellen Besonderheiten ist die Erhaltung der Regenerationsfähigkeit der Umwelt. Mit anderen Worten: Die erneute Nutzung von Landflächen darf in solchen Anbausystemen erst nach der vollen Wiederentfaltung der Vegetation stattfinden. Der Wanderfeldbau ist eine Form des Anbaus, die große Flächen voraussetzt und nur bei geringer Bevölkerungsdichte einen ausreichenden Lebensunterhalt ermöglicht. So hat beispielsweise Clifford Geertz festgestellt, daß in den Regenwäldern Südostasiens in einem ökologisch ausgewogenen Wanderfeldbausystem nicht mehr als 20 bis 50 Menschen pro Quadratkilometer eine ausreichende Lebensgrundlage garantiert werden kann. Aus diesem Grunde finden sich denn auch überall nur kleine Dörfer, Weiler, Langhäuser oder Einzelgehöfte, die von Zeit zu Zeit verlegt werden und in beträchtlichen Entfernungen voneinander über ein weites Gebiet verstreut sind.

Bauern, die Feldfrüchte produzieren, beanspruchen im allgemeinen gemeinsame Rechte an den Produkten ihrer Arbeit und dem Land, das sie bearbeiten. Eine weit verbreitete, mit den Gesetzen des Wanderfeldbaus harmonierende Art, kleine, ländliche Gruppen zu strukturieren, beruht auf der Verwandtschaft und den Verwandtschaftsbeziehungen zwischen den Gruppenmitgliedern. Wanderfeldbauern sind meist in unilinearen Verwandtschaftsverbänden *(lineages)* organisiert, die sich von konkreten Vorfahren ableiten, oder aber in Klanen, die ihre gemeinsame Herkunft auf einen mythischen Vorfahren zurückführen. Die Arbeitsteilung beruht in solchen Gruppen in der Regel auf den Kriterien des Geschlechts und des Lebensalters.

Das System des Wanderfeldbaus ist in seinem Gleichgewicht heikel und infolgedessen besonders gefährdet durch ein extensives Bevölkerungswachstum, das den Boden überfordert und zu langen Anbauphasen und zu kurzen Bracheperioden führt. Fruchtbarer Sekundärwald, der den Boden wie ein

Schirm gegen Sonne und Regen schützt, kann nur bei geringer Bevölkerungsdichte und genügend langen Brachezeiten nachwachsen. Solange diese Voraussetzungen erfüllt sind, ist der Wanderfeldbau ein schonendes, ausgeglichenes, vernünftiges und für die Subsistenzwirtschaft der Bauern durchaus ertragreiches System, ermöglicht es doch, nährstoffarmen Böden relativ hohe und sichere Erträge abzugewinnen. Pflugbau wäre hingegen im Regenwald ein permanenter schwieriger Kampf gegen die Natur.

Eine erfolgreiche Subsistenzwirtschaft setzt jedoch genaue Kenntnisse der Böden und Pflanzen, mehr noch: der gesamten Umweltbedingungen voraus. Wanderfeldbauern verfügen über Bezeichnungen für Hunderte von Pflanzen, Gräsern und Bäumen sowie Begriffe für Pflanzengemeinschaften und ihre besonderen Eigenheiten, die ein detailliertes Wissen über die Vorgänge und Zusammenhänge in der Natur verraten. Dieses umfassende ökologische Wissen ist die Basis des Wanderfeldbaus.

Ökologisch betrachtet ist das wichtigste positive Merkmal des Systems – insbesondere im Vergleich mit dem Naßreisfeldbau -, daß es nur durch die behutsame Einbettung in ein bereits vorgegebenes natürliches Ökosystem lebensfähig ist.

Während die natürliche Umwelt durch eine Reisterrasse stark verändert wird, schafft der Wanderfeldbauer auf künstliche Art Ähnlichkeit mit dem, was in der Umgebung ohne seine Einmischung existiert. Sein Feld imitiert den hohen Vielfältigkeitsgrad des tropischen Waldes, während das Naßreisfeld diesen auf drastische Weise reduziert. Der Wanderfeldbauer gestaltet seinen Lebensraum wie ein botanisches Geflecht vieler Arten, ersetzt allerdings dabei einzelne Gewächse durch bevorzugte andere. Das Prinzip der Vielfalt bleibt dabei bestimmend.

Die reiche pflanzliche – und tierische – Vielfalt des Regenwaldes entwickelt sich paradoxerweise auf dünnen, humus- und mineralarmen und für den Pflanzenwuchs eigentlich schlecht geeigneten Böden. Der Kreislauf von Materie und Energie geht dabei so rasch vor sich, daß davon nur die obersten Bodenschichten unmittelbar betroffen werden. Das pflanzliche Material wird laufend durch unzählige Insekten, Bakterien und Pilze zersetzt, die im feuchten Klima besonders günstige Bedingungen vorfinden. Am Boden liegt eine Unmenge toter Materie – Blätter, Zweige, Pflanzen, tierische Überreste -, deren Nährstoffe sofort verbraucht und nicht in Form von Humus gespeichert werden. Die meiste Energie erhält sich in der lebenden Natur, das heißt in den Wurzelsystemen lebender Pflanzen.

Das System des Wanderfeldbaus arbeitet mit vergleichbaren oberflächengebundenen und unmittelbaren Kreisläufen. Durch den Brand wird der Zerfall der Materie beschleunigt; die Nährstoffe werden den Pflanzen direkt zugeführt, allerdings nicht über den Boden, sondern über die Asche. Die Produktivität ist zwar niedriger als bei natürlicher Zersetzung, doch sind die dabei für die Ernährung des Menschen gewonnenen Erträge wesentlich höher – zumindest solange das System in seinem Gleichgewicht bestehen und die Bodenfruchtbarkeit erhalten bleibt.

Das ökologische Gleichgewicht des Wanderfeldbaus ist durch die Einflüsse der Neuzeit stark erschüttert worden und in das Schußfeld der Politiker und Waldexperten geraten. Durch kulturellen Austausch, politisch motivierte Wanderungszwänge, durch die ständige Ausdehnung seßhafter Bauernbevölkerungen und neuer Siedler (Plantagenwirtschaften) und nicht zuletzt durch die mit der medizinischen Versorgung einhergehenden Bevölkerungsexplosion wurde der Druck auf die schrumpfenden Waldreserven allmählich immer stärker, so daß in immer kürzeren Abständen gerodet und gebrannt werden mußte.

Lineare oder kreisförmige Wanderungen mit genügend langen Brachezeiten wurden bei immer enger werdendem Lebensraum zunehmend schwieriger. Die Kürzung der Brache und die Verlängerung der Anbauzeit störten das empfindliche Gleichgewicht des Landnutzungssystems auf drastische Weise. Intensiveres Roden und Hacken führten zu einer Bodenverschlechterung, zu Erosion und Versteppung. Je vollständiger die Rodung und je intensiver der Anbau, desto länger ist der Boden direkt den tropischen Regengüssen ausgesetzt. In abfallendem Gelände bringt dies Erosion mit sich und führt zu Nährstoffauswaschungen, abnehmender Bodenfruchtbarkeit, einer Ausdehnung des Graslands und zur Versteppung mit Elefantengras *(Imperata cylindrica),* dessen Wurzelfilz mit den traditionellen Arbeitsgeräten der Wanderfeldbauern nicht mehr beizukommen ist.

Die Zerstörung des Bodenaufbaus und die Erosion in den Berggebieten Südostasiens haben in einigen Fällen – zum Beispiel in Thailand – zu Störungen des Wasserhaushalts in den Tälern und zu ethnischen Konflikten geführt. Als ethnische Minderheiten mit anderen sozialen und kulturellen Ordnungen und Werten verfügen die Wanderfeldbauern in ihrem spannungsvollen Verhältnis zu den seßhaften Bauernbevölkerungen der Täler und Ebenen über geringere politische Einflußmöglichkeiten. Konflikte gibt es aber auch aus anderen Gründen, beispielsweise aus unterschiedlichen, aufeinanderprallenden Rechtsauffassungen: Während sich der Wanderfeldbauer als rechtmäßiger Besitzer der Waldgebiete betrachtet, sieht ihn die staatliche Forstverwaltung, die den Verlust tropischer Nutzhölzer bedauert, als Waldfrevler. Regierungen verbieten das Abholzen des Waldes und entziehen damit den Wanderfeldbauern ihre Lebensgrundlage. Sie stützen sich dabei auf die FAO, die 1954 erstmals Vorschläge für die Abschaffung dieser "verschwenderischen Praxis" machte. Negative Bewertungen und eine große Unkenntnis der ökologischen Bedeutung des Systems bestimmten die Diskussion bis weit in die fünfziger Jahre und noch darüber hinaus. So sind etwa die indonesischen Forstbehörden 1986 zu dem Urteil gelangt, die Brandrodungslandwirtschaft sei "bedrohlicher für die Umwelt als illegales Fällen und Holzdiebstähle". West-Kalimantan verliere durch natürliche und menschlich verursachte Brände jährlich einen Waldreichtum von mindestens 30 Millionen US-Dollar.

Versucht man, den Kampagnen gegen den Wanderfeldbau und den Anklagen gegen die Bauern nachzugehen, so stößt man sehr bald auf die Spuren einflußreicher Holzfällerbarone, Regierungsbeamter und Politiker, die vom Holzhandel profitieren oder aber ihre landwirtschaftlichen Kenntnisse aus Gebieten des Naßreisbaus mitbringen und in Vorurteile gegen das unbekannte Wanderfeldbau-System umsetzen. Die kerzengeraden, ast- und knotenfreien Urwaldriesen Borneos entsprechen genau den Wunschvorstellungen des Holzhandels und der Holzfällergesellschaften. Von und unter diesen Bäumen leben die einheimischen Bewohner Borneos, die sich für die Erhaltung ihrer Lebens- und Wirtschaftsform stark machen. Sie schlagen und brennen sich ihre Felder in Gebieten frei, in denen wertvolle Hölzer wachsen; die Holzfäller vernichten Waldbestände, die die Bauern für ihre extensive Form des Anbaus brauchen.

Die indonesische Anti-*ladang*-Bewegung und der Behauptungswille der Wanderfeldbauern spiegeln einen unversöhnlichen Wertkonflikt wider zwischen einer modernen, kapitalistischen, konsumistischen und künstlichen Welt auf der einen und einer traditionellen, anspruchslosen, subsistenzorientierten und in die

Natur eingebetteten auf der anderen Seite. Wenn behauptet wird, der Wanderfeldbau sei ein unwirtschaftlicher, verschwenderischer oder gar frevelhafter Weg, die Landressourcen auszubeuten, so steckt hinter dem Konzept "Ressource" der moderne Mensch, der über seine Umwelt anders denkt als der Wanderfeldbauer über seine Mitwelt.

Das Verhältnis des jüdisch-christlichen Menschen zur Natur ist durch den göttlichen Auftrag bestimmt, sich die Erde untertan zu machen und "über die Fische im Meer und die Vögel des Himmels, über das Vieh und alle Tiere, die auf der Erde sich regen" zu herrschen. Was die Natur bietet, ist zum Gebrauch nach Bedarf bestimmt. Diese Haltung verbreitet sich, zusammen mit den westlichen kommerziellen Werten und Techniken, über die ganze Welt, und so ist die gedankenlose Ausbeutung der natürlichen Ressourcen allmählich bei allen Völkern üblich geworden, die mit dem Westen in Kontakt gekommen sind.

Viele traditionelle Gesellschaften besaßen oder besitzen demgegenüber eine grundlegend andere Auffassung von der Natur und ihren Ressourcen. Mensch, Tier und Pflanze sind von gemeinsamer Herkunft. Der Mensch versteht sich mithin als ein Teil der Natur: Er steht dieser nicht gegenüber, sondern geht mit ihr ein Geflecht von Beziehungen ein, die vom Grundsatz der Einheit von Mensch, Natur und Gott bestimmt sind. Die Ressourcen der Natur werden im Rahmen dieses für die Wanderfeldbauern bestimmenden Denkens geschont. Der Wanderfeldbau ist das älteste Landnutzungssystem der Menschheit – ein Beweis für die Fähigkeiten des Menschen, sich an die natürliche Umgebung anzupassen, solange das natürliche Gleichgewicht nicht durch Eingriffe von außen gestört oder zerstört wird.

Durch solche Eingriffe von außen ist diese Lebens- und Wirtschaftsform, die heute noch für schätzungsweise 50 Millionen Menschen der Monsungebiete Asiens die Existenzgrundlage bietet, zu einem Entwicklungsproblem geworden, und Entwicklungshilfe-Organisationen und Regierungen sind bemüht, Lösungen für eine dauerhafte Seßhaftmachung und Eingliederung der Wanderfeldbauern in die Marktwirtschaft zu finden. Durch marktwirtschaftlich ertragsfähige Alternativkulturen – Tee, Kaffee, Kakao, Bananen, Kokospflanzungen, Gemüsebau, Gewürzanbau oder Gummi – oder aber durch Übergänge zum Naßreissystem und ständiger Trockenfeld-Bewirtschaftung sollen die unerwünschten Wanderbewegungen gestoppt und die Bauern zum Daueranbau in festen Siedlungen und damit zur Eingliederung in das soziale und wirtschaftliche Leben der Staaten bewegt werden.

Es ist offensichtlich, daß die traditionellen Ökosysteme und die Menschen, die mit und von ihnen leben, dem globalen technologischen, ökonomischen und gesellschaftlichen Wandel nicht entrinnen können. Dieser Wandel sollte sich jedoch, wenn immer möglich, im Rahmen einer sinnvollen ökologischen Politik vollziehen, die die Wünsche und Rechte der betroffenen Bevölkerung respektiert und gleichzeitig angepaßte soziale und wirtschaftliche Entwicklungen fördert.

Arbeits- und Bodenproduktivität lassen sich in den feuchten Tropen nur schwer erhöhen. Denn alle Mittel, mit denen die bepflanzten Gebiete erweitert oder die Hektarerträge erhöht werden könnten, kürzen gleichzeitig die Bracheperiode und erschweren die Regeneration des Bodens. In den Waldgebieten gibt es zu wenig Vieh für die Mistdüngung; mineralische Dünger sind teuer, Grabstock und Hacke ökologisch vernünftiger als Pflüge, die ganze Wurzelsysteme zerstören, die wiederum für die Regeneration während der Brachezeit unersetzlich sind. Und schließlich steht die Lebens- und Weltauffassung der mobilen Wanderfeldbauern im Gegensatz zu einer Entwicklung größerer, ständiger Wohnplätze, Dörfer und Städte mit zentralen Autoritäten, die den Boden als Kapital betrachten und nicht als freie Gabe der Natur, von der der Mensch selbst ein Teil ist.

Naßreisbau
Beispiel: Bali

Wasserversorgung und -verteilung

In weiten Teilen des tropischen Asien wird der Reis zur regenreichsten Zeit des Jahres in gepflügte Felder gepflanzt, die so mit Erdwällen eingegrenzt sind, daß das Regenwasser nicht abfließen kann. Vor der Kornreife hören die Regenfälle auf, und der Boden trocknet aus. Der Reis wächst also vom Moment des Pflanzens bis nach der Zeit der Blüte in nassem Boden. Beim einfachen Anbau in eingedämmten Feldern besteht keine sichere Wasserkontrolle, und die Wasserversorgung ist nicht zwangsläufig verläßlich und regelmäßig. Das System des Anbaus unterscheidet sich jedoch vom Wanderfeldbau in agronomischer und anbautechnischer Hinsicht so stark, daß es durchaus als Frühform des ausgebildeten Naßreisbaus bezeichnet werden kann.

Einfache Formen künstlicher Bewässerung sind in unterschiedlicher Gestalt anzutreffen: Oftmals wird Regenwasser in höherliegenden, eingedämmten Feldern gesammelt und in tiefergelegene Felder geleitet, in kleinen Flußtälern genügen oft einfache Erddämme zum Stauen des Wassers. Flutwasser wird – wie in den javanischen Küstengebieten – durch Dämme zurückgehalten, in natürlich überfluteten Gebieten wird Sumpfreis angepflanzt. Der Terrassenfeldbau auf Gelände mit Höhenabstufungen führt den Naßreisbau aus den Tälern in die Hügel und Berge empor. Zu den sorgfältigsten und großartigsten Terrassenbauten gehören die der Bontoc und Ifugao in Nord-Luzon, die Terrassenfelder in Süd- und Südwest-China, in Sri Lanka, Ost-Java, Bali und Lombok.

Schwieriger werden Wasserversorgung und -verteilung, wenn das Wasser durch ausgedehnte Leitungssysteme aus natürlich fließenden Gewässern in die Felder geführt werden muß. Mit Strombrechern und Staudämmen wird es aus dem Fluß abgezweigt und über Kanäle, Aquädukte und Tunnels in Astwerke kleiner Zuflüsse aufgeteilt und in die einzelnen Felder geleitet. Während in der Umgebung kleiner Flüsse und Bäche oft nur ein Teil des Landes bewässert werden kann und neben bewässerten auch trockene Felder bebaut werden – wie in Indien, Südostasien oder Madagaskar -, kann im Gebiet der großen Flüsse, vor allem in den Flußebenen (China) oder in der Nähe großer Kanäle und Dämme (Punjab) das Land dauerhaft bewässert werden. Oft wird das Wasser mit Eimern direkt aus dem Fluß oder Reservoir in die Felder geschöpft; vielfach wird auch mit Kettpumpen gearbeitet, die in einer Tretmühle durch Menschenkraft oder, mittels eines Wasserrades, durch Rinder oder Büffel in Bewegung gesetzt werden.

In Ostasien wird mehr als die Hälfte aller verfügbaren Felder künstlich bewässert. Überdurchschnittlich oft ist diese Form des Anbaus auf Sri Lanka, Java und Bali anzutreffen. In den großen süd- und südostasiatischen Reisbaugebieten ist die Produktion von Monsunreis an die Regenzeit und das Flutwasser großer Ströme gebunden. Wo das Anbausystem von saisonalen Überflutungen abhängt oder wo Regenfälle in eingedämmten Feldern zurückgehalten werden, ist die Wasserversorgung infolge unzureichender Kontrolle nur wenig verläßlich: Die Produktionsrisiken können entsprechend hoch sein. Doch auch dort, wo Wasser aus Bächen, Flüssen und Strömen abgezweigt oder gesammelt wird, stehen von Jahr zu Jahr unterschiedliche Wassermengen zur Verfügung.

Die beschränkte Verfügbarkeit von Wasser führt zwangsläufig zu mehr oder weniger komplexen Systemen der Wasserverteilung, nach denen die gemeinsame Wasserversorgung zentral oder aber demokratisch geregelt wird. Die technischen, administrativen und rechtlichen Folgen künstlicher Bewässerung und komplexer Wasserkontrollen können nur von gut organisierten Gesellschaften bewältigt werden. Wo die Ansprüche an die Wasserversorgung im Laufe der Geschichte zur Schaffung riesiger Wasserwerke führten, waren die erforderlichen Arbeitsleistungen so groß, daß der Einzelne oder das Dorf sie nicht mehr erbringen konnte. Zentrale Autoritäten und eine vollberufliche Verwaltung mit allmählich immer größerer Distanz zur Bevölkerung kontrollierten und koordinierten von oben umfangreiche Bewässerungssysteme – so in den südostasiatischen Reisbauländern Thailand, Birma, Vietnam und Kambodscha.

Demgegenüber findet die Organisation des Bewässerungswesens auf Bali und Lombok an der Basis statt und ist in der Hand genossenschaftlicher *subak*-Vereinigungen zusammengefaßt, deren Vorschriften jedem Mitglied Rechte und Pflichten zuweisen. Ein geregeltes Bewässerungswesen bestand in Bali bereits in den ersten Jahrhunderten unserer Zeitrechnung, wie aus chinesischen Berichten hervorgeht. Die genossenschaftliche Organisation des Bewässerungswesens durch die Bauern selbst wird in Urkunden aus dem 11. Jahrhundert erstmals erwähnt. Die Bewässerungs-Genossenschaften waren innerhalb der Dorfgrenzen weitgehend autonom in bezug auf Kontrolle und Verteilung des Wassers. Lokale Fürsten und Könige beanspruchten allerdings im Laufe der Geschichte gewisse Kontrollmöglichkeiten und Befugnisse, vor allem im Hinblick auf Steuerforderungen.

Der traditionelle, intensive Bewässerungsreisbau ist ein außerordentlich arbeitsintensives Anbausystem, beinhaltet es doch den Bau von Deichen, Dämmen, Kanälen und ständige Reparaturarbeiten. Naßreisbau erfordert aber nicht nur großen menschlichen Arbeitsaufwand, er ist gleichzeitig auch das landnutzungsintensivste Anbausystem der Welt, was durch ein erstaunliches Wachstum der Bevölkerung in den Hauptgebieten des Naßreisbaus belegt wird. So wird verständlich, daß die am dichtesten besiedelten Agrargebiete der Welt – Java, Teile des Tonkin- und Ganges-Deltas und die unteren Yangzi-Provinzen in China – alle über eine jahrhundertealte Tradition des Naßreisbaus verfügen.

Das Öffnen der Erde

In dem ostbalinesischen Dorf Sidemen beginnt der Reisbauzyklus mit einem Opferritual für das Berieselungswasser – wie in anderen Teilen der Insel auch, denn ähnliche Opferrituale, rituelle Öffnungen oder Einweihungen der Wasserleitung, Rituale anläßlich der Reparatur von Leitungen und Heilsmahlzeiten von Bauern und Landpriestern sind aus vielen Teilen Indonesiens bekannt. Die aus Männern und Frauen bestehende Abordnung einer lokalen Bewässerungs-Genossenschaft *(subak)* zieht mit Opfergaben ins Zentrum ihres Bewässerungssystems, um "das göttliche Wasser abzuholen" *(mapag toya)*. Hier steht der Altar Bhatara Wiśnus, der auf Bali als Gott des fruchtbaren Wassers verehrt und um Segen für genügend Wasser und erfolgreiche Arbeit auf dem Reisfeld – balinesisch *uma, carik, bangket,* indonesisch *sa-*

Südostasien: Naßreisbau

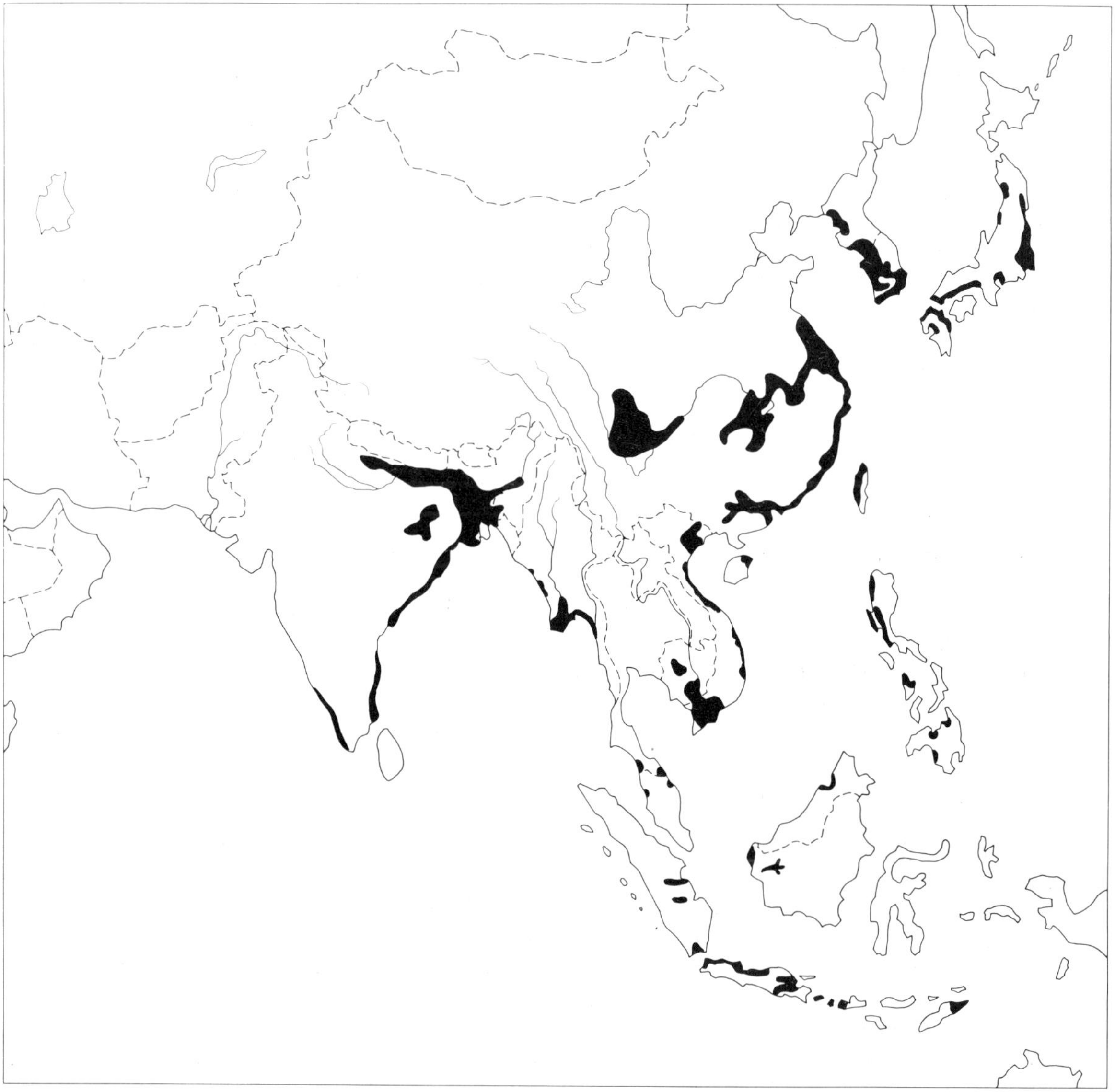

Quelle: Ginsburg, N.: *The Pattern of Asia.* 1958

wah – gebeten wird. Aus gekochtem Reis, Klebreiskuchen, Früchten, Blumen, Palmblattflechten und einem Spanferkel sind kunstvolle Gaben hergerichtet worden, die der Gottheit unter Abbrennen von Weihrauch geopfert werden.

Ein Brahmanenpriester verrichtet am Fuße des Steinaltars sein Offizium. Durch *mantras,* rituelle Formeln, und *mudras,* rituelle Handbewegungen, verwandelt er sich in Śiwa, den balinesischen Hochgott, um Weihwasser für den Beginn der Feldarbeiten herzustellen.

Das göttliche Weihwasser wird an die Bauern verteilt, die es auf ihre Felder bringen. Wenn der Boden mit der Hacke rituell geöffnet ist, wird die Erdmutter Pertiwi mit einer kleinen Opfergabe, "Lebenshilfe" oder *tulung urip* genannt, um Fruchtbarkeit und Segen gebeten. Im Ritualzyklus des "Wasserabholens" und "Bodenöffnens" spielen also Wiśnu und Pertiwi, Wasser und Erde, eine zentrale Rolle. Der Reis, Quelle des Lebens und Geschenk der Götter, wird geboren aus der kosmischen Vereinigung der göttlichen männlichen und weiblichen Kräfte, die im Wasser und in der Erde enthalten sind.

Die Bewässerungs-Genossenschaften

Nach Beendigung aller für die Bewässerung erforderlichen rituellen Handlungen stauen die Mitglieder der Bewässerungs-Genossenschaft den Fluß, um Wasser abzuzweigen. In einer *subak*-Genossenschaft sind alle Bauern zusammengeschlossen, deren Felder aus demselben Kanal gespeist werden. Im Dorf Sidemen werden fünf unterschiedliche Felderkomplexe aus fünf Hauptzuleitungskanälen bedient – infolgedessen existieren hier fünf Bewässerungs-Genossenschaften, die das Wasser kontrollieren und verteilen. Wer in verschiedenen Bewässerungssystemen eines Dorfes Land besitzt oder bearbeitet, hat also Rechte und Pflichten als Mitglied mehrerer *subak.* Die *subak* sind autonome, von den übrigen dörflichen Organisationen, Kasten und Geschlechterverbänden unabhängige Rechtsgemeinschaften mit voller sozialer, technischer, administrativer und letztlich auch religiöser Autorität in allem, was Bewässerung und Landbau anbetrifft.

Gleichheit in bezug auf die Wasserverteilung und Stimmgleichheit in den Versammlungen sind unabdingbare Voraussetzungen für ein funktionierendes Naßreisbausystem in einem Land, in dem das Wasser durch tiefe Schluchten und Täler vom Berg zum Meer fließt. An der Spitze der *subak* steht ein gewählter *klian subak* mit Erfahrung und Initiative. Er hat das Reisfeldregister zu führen, bestimmt den Terminkalender des Anbauzyklus und läßt die Bewässerungsanlagen überwachen, ruft die Mitglieder zu Instandsetzungsarbeiten zusammen und leitet die Versammlungen. Dem *klian* - in großen Genossenschaften sind es zuweilen zwei – stehen sogenannte *saya* als Helfer und Botschafter zur Seite.

Die balinesischen Bewässerungs-Genossenschaften mischen sich nicht in Fragen von Anbau und Vermarktung eventueller Überschüsse ein. Sie regulieren die Bewässerung, koordinieren den Zeitpunkt des Pflanzens und nehmen darüber hinaus religiöse Verantwortung als kultische Landbaugemeinschaften wahr. Zu den wichtigsten technischen Aufgaben gehört der Bau und die Instandhaltung von Kanälen, von Tunneln und Aquädukten, das Errichten von Dämmen und Schleusen. An diesen Arbeiten sollte grundsätzlich jeder Nutznießer der Wasserzuteilung teilnehmen, solange keine besonderen Gründe vorliegen, die etwa Dorfchefs, Tempelwächter oder Brahmanenpriester von kommunaler Arbeit befreien. In Sidemen lassen sich zahlreiche Landbesitzer durch ihre Pächter oder *penyakap* in der *subak* vertreten. Alle Landbesitzer und -bearbeiter tragen hingegen in irgendeiner Form zur Instandhaltung der Tempel bei, in denen die Feste zu Ehren der Reisgöttin stattfinden, deren Bedeutung nicht nur im spirituellen Bereich liegt, sondern eng mit den landwirtschaftlichen Arbeiten und damit dem Ausgang der Ernten verbunden ist.

In der Totalität der balinesischen Agrarkultur will sich der Mensch die Erde nicht untertan machen. Er versteht sich vielmehr als verkleinertes Abbild des Kosmos und der Natur, deren Teil er ist wie sie ein Teil von ihm.

Erweist sich in einem größeren Gebiet die Wasserzufuhr als zu gering, um alle *subak* gleichzeitig zu beliefern, so müssen die Felder nacheinander bestellt werden. In jeder Bewässerungseinheit werden jedoch grundsätzlich mindestens einmal jährlich Reis und anschließend andere Gewächse angepflanzt. Häufig trifft man innerhalb eines Dorfes auf eine Kombination von künstlich bewässerten Reisfeldern, großen trockenen Landstücken, die vorübergehend zu großen Gärten geworden sind, permanenten Trockenfeldern und Hausgärten. So herrscht auch in Sidemen eine vielschichtige Landnutzung vor: Zwischen zwei Reisanbauzyklen werden die Felder vorübergehend zu Trockenfeldern, auf denen Zwiebeln, Soyabohnen, Chilipfeffer, Mais, Bohnengewächse und viele Gemüse angepflanzt werden. Zu Beginn eines neuen Zyklus umrahmen deshalb schon überflutete Felder grüne Felder mit spanischem Pfeffer, der heutzutage für den Verkauf auf dem Markt angebaut wird und dessen Wachstumsperiode bis in den Beginn des Reisanbaus hineinreicht.

Schon vor Beginn der Bearbeitung der übrigen Felder werden an einem günstigen, durch den religiösen Kalender bestimmten Tag die schönsten Rispen der Vorernte als Muttersaat in Aufzuchtbeeten ausgelegt. Für die Auswahl des Saatguts ist maßgebend, daß an den Rispen keine Spuren von Schädlingsbefall festzustellen sind und sie eine möglichst hohe Zahl von Keimlingen und ein ausgeglichenes Schießen der Pflanzen versprechen. Während der Vorbereitung der Saatbeete war die Muttersaat drei Tage lang in sauberes, fließendes Wasser gehängt worden, so daß zum Zeitpunkt der Aussaat bereits die Keime durchbrechen. Die Reispflanzen werden im Abstand einer Handbreite in parallelen Linien auf den schlammigen Grund des Saatfelds gelegt – eine Arbeit, die stets von Männern verrichtet wird. Als Grundmaß für die Größe des Saatfeldes im Verhältnis zum Komplex der Reisfelder verwendet man in Bali kein Flächen-, sondern ein Wassermaß *(tenahan)*. In Metern ausgedrückt beträgt die erforderliche Größe eines Saatfelds bei 2 000 Quadratmetern etwa vier mal eineinhalb Meter.

Im Gegensatz zur direkten Breitsaat in die Felder faßt bei der traditionellen Methode der Reisauspflanzung so gut wie jedes Korn Wurzeln. Durch das spätere Umpflanzen in die Felder wird das Wurzelsystem der Pflanze gestärkt und der Ertrag um bis zu 40 Prozent erhöht. Untersuchungen in Madagaskar haben ergeben, daß bei der verschwenderischen breitwürfigen Aussaat sechsmal soviel Saatgut gebraucht wird wie beim Vorziehen der Jungpflanzen in Saatbeeten. Die Reisbauern der großen Reisanbaugebiete der Welt haben die Vorteile des gezielten Auspflanzens längst erkannt: größere Ernten und mehr pro Jahr, da die Felder weniger lange besetzt sind, besseres Jäten und sorgfältigere Krankheitskontrollen.

Nach dem Auslegen der Rispen wird auf dem schmalen Deich, der das Saatfeld begrenzt, den in der Erde schlummernden Kräften ein kleines Opfer dargebracht. Die Opfergabe besteht aus einem länglichen Blatt der *andong*-Pflanze, in das gekochter Reis, Zwiebeln, Ingwer und etwas Salz eingewickelt sind. Kleine Nahrungsopfer werden von nun an an allen wichtigen Tagen des hindu-balinesischen Kalenders und anläßlich der Tempelfeste an den Rand des Aufzuchtbeets gelegt, so lange sich der junge Reis im Saatfeld befindet.

An den auf die Aussaat folgenden Tagen werden während des Aufgehens der Keimlinge die Beete nur mäßig bewässert oder auch trocken kultiviert. Dabei wird nur so viel Wasser zugeführt, wie die jungen Reispflanzen für ihre Entwicklung nötig haben. Reichlich bewässerte Schößlinge können nach 30 bis 40 Tagen umgepflanzt werden, weniger gut bewässerte stehen bis zu 60 Tage im Saatbeet.

Die Bearbeitung des Bodens

Während die Jungpflanzen in den Saatbeeten heranwachsen, werden die Felder so lange bearbeitet, bis sie die für den Naßreisbau erforderliche undurchdringliche Unterfläche erhalten haben. Bei einem ersten Durchgang mit dem von einem Rindergespann gezogenen Wendepflug werden die Schollen parallel zum Feldrand gewendet. Pflanzliche Überreste der letzten Fruchtfolge – Erdnuß- und Soyablätter und Gemüsereste sowie Pflanzenabfälle und Kompost aus dem Gehöft – werden dabei untergepflügt. Besondere Bedeutung hat in Sidemen eine Lupinenart, die als stickstoffhaltige Hülsenfrucht eigens für die Düngung angebaut wird.
Die Gründüngung gilt als eine der besten Arten der Stickstoffdüngung für das traditionelle Reisfeld. Sie verursacht keine hohen Kosten und schließt den Stickstoff sehr allmählich auf. Im Unterschied zu den Neuzüchtungen sogenannter *High Yielding Varieties*, die ohne kommerzielle Nitrate und Phosphate nicht gedeihen können, sprechen die traditionellen Varietäten nicht günstig auf chemische Düngung an. Sie verlangen den Gebrauch von Rinder- und Entendung sowie anderen organischen Düngemitteln wie Kompost, Gründünger oder Asche von verbranntem Reisstroh. Stickstoff wird im weiteren durch Bakterien, Wurzeln und blaue Algen fixiert. Wertvolle Nährstoffe sind auch im Berieselungswasser enthalten.

Das Pflügen und Eggen wird im feuchten Tropenklima, das den Unkrautwuchs stark fördert, im überschwemmten Zustand der Felder durchgeführt. Eine wichtige Arbeit, die jeweils auf das Pflügen zu folgen hat, ist das sorgfältige Zerkleinern der Schollen mit der Hacke und schließlich mit der einfachen hölzernen Rechenegge. Denn je gleichkörniger der Boden ist, umso gleichmäßiger wird die Saat aufgehen und die Frucht reifen. Der kombinierte Gebrauch von Pflug und Egge verhilft dem Boden zu besserer Konsistenz als Traktoren und mechanische Pflüge. Die einfachen Ackerbaugeräte, die in ähnlicher Form in unzähligen Klein- und Kleinstbetrieben Asiens bis heute in Gebrauch geblieben sind, sind am besten geeignet, den zähflüssigen, weichen Untergrund zu erhalten, den der Naßreisbau braucht. Bei zähtonigen, in der Trockenzeit verbackenden Böden werden die Felder nach Einsetzen der Regenfälle durch trampelnde Büffelherden umgetreten. Tiefes Pflügen würde hier den Boden zerstören.

So wird auch in Sidemen, rund eine Woche nach dem Anlegen der Saatbeete, naß gepflügt. Beim ersten, *makal* genannten Pflügen wird die Erde von der Pflugschar vom Zentrum des Feldes zum Rand hin geworfen. Die Schollen werden mit der Hacke zerkleinert, die auch dort verwendet wird, wo die Pflugschar nicht hinreicht. Nach dem ersten Pflügen werden die Stützwände der Terrassen sorgfältig mit einer Art langstieligem Spaten *(sorok)* oder mit der Hacke *(tambah)* gesäubert. Alle Deiche müssen von Gräsern und Kräutern gereinigt werden, die den Reis in seinem Wachstum behindern könnten. Reisschädlinge wie Schmetterlingsraupen, Larven von Wanzen und Heuschrecken werden von hungrigen Enten vertilgt, die damit das ihre zur natürlichen Schädlingsbekämpfung und zur Düngung der Felder beitragen. Die Entenwirtschaft bildet besonders für die ärmeren Schichten der Bevölkerung einen wesentlichen Teil der Existenzsicherung. Wo jedoch neue chemieabhängige Reissorten eingeführt sind, ist die Haltung von Enten im Reisfeld unmöglich geworden.

Balinesischer Pflug

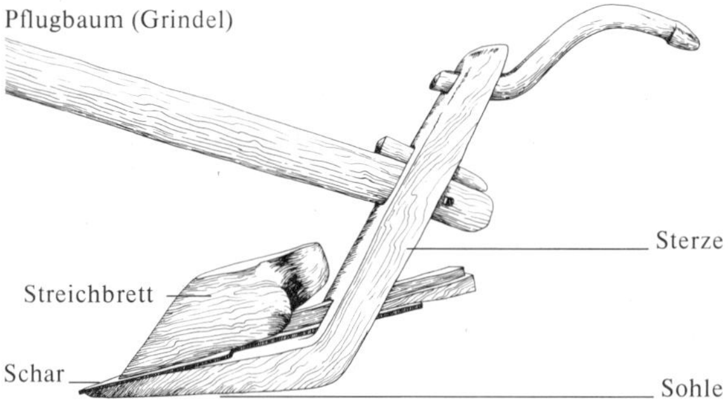

25 Tage nach dem ersten Pflügen – der untergepflügte Gründünger hat sich inzwischen zersetzt – wird das Feld ein zweites Mal umgepflügt. Dabei wird der Pflug spiralförmig von außen nach innen geführt und die Erde vom Rand zum Zentrum hin aufgeworfen. Wiederum wird die Erde mit der Hacke zerkleinert. Das zweite Pflügen wird *ngelédag* genannt. Danach

Pflügen mit balinesischen Rindern

werden die Terrassenränder von Hand mit nasser Erde bepflästert und befestigt; so werden Gräser und Unkräuter völlig zugedeckt und am Wachsen gehindert. Zudem werden die Deiche befestigt und gegen Schäden und Einbrüche geschützt.

In den Rinderställen mitten in den Feldern hat sich im Verlauf der bisherigen Feldarbeiten der Dung der Tiere angesammelt. Nun wird er auf die Felder gebracht und gelangt mit dem dritten, *mungkahang* genannten Pflügen in den Boden. Es wird wiederum 25 Tage nach dem zweiten durchgeführt, wobei die Schar parallel zum Rand gezogen wird. Dabei wird Erde von innen geholt und nach außen geworfen, so daß der durch das Bepflästern der Deiche entstandene Graben an den Rändern wieder aufgefüllt wird. Erneut werden die restlichen Schollen mit der Hacke oder aber einer mit Zähnen versehenen Rechenegge zerkleinert. Die Erde ist nun ganz mit Wasser bedeckt.

Die Zeit zum Einebnen der Felder ist gekommen. Wo Unkraut gewachsen ist, wird unter Umständen nochmals mit der Rechenegge gejätet. In den meisten Fällen wird jedoch direkt ein Planierschlitten *(kaun lampit)* in Form eines einfachen Brettes eingesetzt. Der Prozeß des Einebnens wird in kleinen Feldern von Hand durchgeführt, in größeren Parzellen wird nach Möglichkeit mit Planierschlitten und Zugtieren gearbeitet. Um spätere Schäden zu vermeiden, muß der Boden sorgfältig nivelliert werden, denn eine mangelhafte Wasserbedeckung fördert die Unkrautbildung, während zu tiefes Wasser das Wachstum der Reispflanze hemmt. Das Stauwasser auf den Feldern sollte nicht stehen, sondern langsam fließen – dies auch, um die Entwicklung von Malariamücken zu verhindern.

Versetzen der Jungpflanzen

Der Untergrund der Reisfelder hat sich nun so verfestigt, daß Wasser- und Nährstoffverluste durch Versickern fast ausgeschlossen sind. Wie Spiegel reihen sich die Felder aneinander und geben der Landschaft ein erneut verändertes Gesicht. Rund acht Wochen nach dem Auslegen der Muttersaat in die Aufzuchtbeete können die Jungpflanzen umgesetzt werden. Das Ausziehen der Pflanzen erfolgt oft schon am Tage vor dem Umpflanzen. Trockene Beete werden gründlich bewässert, damit die Erde so weich ist, daß die Pflanzen beim Herausziehen nicht verletzt werden. Vorsichtig wird Pflanze um Pflanze aus dem Boden gezogen, das an den Wurzeln haftende Erdreich abgespült oder abgeschüttelt. Schließlich werden die Blätter der gebündelten Pflanzen auf die Hälfte oder ein Drittel ihrer Länge gekürzt, was schnelleres Schossen und gleichmäßigeres Wachstum zur Folge hat.

Am frühen Morgen des folgenden Tages werden die Jungpflanzen in flachen Körben auf die Reisfelder verteilt. Die 56 Tage zuvor bepflanzten Saatbeete werden umgearbeitet und ebenfalls bepflanzt. Verschiedene Sorten des traditionellen *padi taun* werden ausgepflanzt, die sich später entweder durch Größe und Form des Korns oder aber durch Form und Farbe der Grannen unterscheiden. Hinzu kommt eine geringere Menge von Klebreis *(ketan)*, schwarzer Reis *(injin)* und gelegentlich auch roter Reis *(padi barak)*. Da die Naßreiskultur von Regenfällen relativ unabhängig ist, läßt sich Reis das ganze Jahr über säen beziehungsweise auspflanzen. So trifft man denn auch auf Bali alle Entwicklungsstufen der Reisfelder zu jeder Jahreszeit an. In Sidemen pflanzt ein Teil der Bewässerungs-Genossenschaften im Februar Reis und erntet diesen im Juli, während die Felder der übrigen *subak* bewässert werden. Diese pflanzen ihrerseits im August aus und ernten Ende Dezember. Der Reis der ersten Jahreshälfte heißt *padi masa*, der der zweiten Hälfte *padi gegadon*.

Das Auspflanzen und die Geburt der Reisgöttin Bhatari Śri

Die Geburt der göttlichen weiblichen Reispflanze Bhatari Śri beginnt in den frühen Morgenstunden eines kalendarisch vorgegebenen günstigen Tages, der bereits beim Anlegen der Saatbeete ausgesucht worden war. Während des Auspflanzens steht das Wasser nur wenig über der Erde, damit der Boden nicht zu breiig ist und die Pflanzen umfallen. Die Männer, die im Rahmen der Arbeitsteilung nach Geschlechtern den Boden zur Aufnahme der Reispflanze vorbereitet haben, wirken nun als Geburtshelfer, wenn sie die Stecklinge im Abstand einer Handbreite in sauberen, eine Handlänge voneinander entfernten Reihen auspflanzen. Das Bepflanzen beginnt an der Stelle, wo das Wasser in den Felderkomplex eintritt. Diesem sogenannten Kopffeld oder *pangalapan* kommt in kultischer Hinsicht in verschiedenen Reisritualen eine besondere Bedeutung zu, ist es doch die Stelle, zu der die Reisgöttin zu bestimmten Zeitpunkten ihres Wachstums herabkommt, um von den Menschen verehrt zu werden.

Die Pflanzer fassen die Schößlinge einige Fingerbreit oberhalb des Wurzelansatzes mit dem Daumen und dem Zeigefinger und stoßen dann die übrigen ausgestreckten Finger so in die schlammige Erde, daß die Pflanzen bis zum Wurzelhals hineinreichen. Werden die Finger zurückgezogen, schließt sich das Pflanzloch von selbst, und die Pflänzchen bleiben in senkrechter Stellung stehen. Die Arbeit des Auspflanzens wird in kleineren Parzellen vom Pächter oder Besitzer, in größeren zusammen mit Freunden oder männlichen Familienmitgliedern durchgeführt.

Doch erst nachdem alle Stecklinge ausgepflanzt sind und die Frau als Mittlerin zwischen dem Menschen und dem göttlichen Reis mit Opfer und Gebet hinzutritt, ist die Geburt der Reisgöttin Bhatari Śri vollendet. Es sind also immer die Frauen, die nach Abschluß der Männerarbeit die Felder betreten, um ein erstes Opfer für die neugeborene Reisgöttin dort auf den Deich zu legen, wo das Wasser einfließt. Dabei handelt es sich um ein mit jungen Kokospalmblättern umwickeltes längliches Opferpaket *(blayag)* mit gekochtem Reis, um verschiedene Reismehlgebäcke, ein Ei, gebratene und gewürzte geraspelte Kokosnuß, eine Erbsenart und manchmal ein Huhn.

In Bali hat sich die altindonesische Vorstellung von einer Reisseele mit dem hinduisierten Glauben an eine Göttin des Reisbaus verbunden, der ein eigentlicher Reisbaukult gewidmet ist. Śri entstammt ursprünglich der Hindumythologie, in der sie Wohlfahrt und Glück verkörpert. Die vedische Literatur über Opfer im Zusammenhang mit dem Feldbau erwähnt sie jedoch nicht. Erst in Indonesien, in Verbindung mit dem alten Glauben an eine Reismutter und Reisseele, wurde Bhatari Śri zu einer spezifischen Reisgottheit, zur wichtigsten Quelle von Leben und Reichtum und – auf Bali – zur populärsten und beliebtesten Göttin der Volkskultur. Śri, die mit der göttlichen Reispflanze identifiziert wird, mit dem Reiskorn, das sie beschützt, und dem Ertrag, den sie vermehrt, wird einerseits auf Altären im Feld selbst, bei den wichtigen Kanalabzweigungen und in den Tempeln der Bewässerungs-Genossenschaften oder des Dorfes verehrt.

Magische Schädlingsbekämpfung

Die Vorzucht in den Saatbeeten hat auf die Schnelligkeit des Wachstums großen Einfluß. Pflanzen von trockenen Beeten beginnen aufgrund der besseren Neubildung von Wurzeln drei bis sieben Tage nach dem Umpflanzen zu wachsen, Pflanzen von nassen Saatbeeten haben eine Zeitdauer von etwa 14 Tagen Erholung nötig, ehe sie ihr Wachstum wieder aufnehmen.

25 Tage nach dem Auspflanzen der Reisschößlinge feiert die junge Reisgöttin ihren ersten Geburtstag. Die Frauen der Bewässerungs-Genossenschaft berei-

ten im Hause des *subak*-Priesters einen Altar mit Opfergaben und Symbolen vor, der später an der Hauptabzweigung des Zuflußkanals aufgestellt wird. Eine Palmblattscheide mit dem aufgemalten göttlichen Reissymbol *(cili* oder *deling),* soll übelwollende Mächte auf falsche Spuren lenken.

Bündel aus jungen Blättern der Kokospalme werden mit dem Blut zweier schwarzer Hühnchen bespritzt. Verschieden gefärbter Reis – gelb, rot, schwarz, weiß und mehrfarbig – symbolisiert die Himmelsrichtungen, die ihnen zugeordneten Gottheiten und Dämonen. Mit zerhackten Larven von Reisschädlingen, Heuschrecken, Kokosbranntwein, Palmwein und Weihwasser vermischt, ergibt er eine Mahlzeit für die schadenstiftenden Dämonen.

Bei der Hauptabzweigung des Kanalsystems ist inzwischen ein rechteckiges, tischartiges Gerüst aufgestellt worden, mit einer Plattform aus dem Blattgeflecht der Zuckerpalme. Vor dieser Konstruktion steckt ein Bambus im Boden, in dessen Blattwerk angebrannte Faserschalen der Kokosnuß, Hühnerhaut mit schwarzen Federn, farbige Reiskuchen und Bananen hängen. Unterhalb der Plattform stehen drei Reihen magischer Hölzer, deren Oberenden mit Fasern der Zuckerpalme umwunden sind, ferner zugespitzte Bambusabschnitte *(sungga puling).* Diese sollen zur tödlichen Falle für die übelwollenden Geister werden, die sich auf die scheinbar echte Wiedergabe des Reissymbols stürzen und dabei aufspießen.

Ehe die magische Schädlingsbekämpfung beim Kanal beginnt, wird die Reisgöttin vom Priester des Dorftempels auf ihren Altar heruntergebeten, um Zeugin des für sie veranstalteten exorzistischen Rituals zu sein. Vertreterinnen der Bewässerungs-Genossenschaft reinigen den Kultplatz mit großen, weihwassergetränkten Kokospalmwedeln. Nun lädt der Priester die zerstörerischen Mächte der Natur ein, sich an den Opferspeisen zu laben und sich – angesichts des verlockenden und trügerischen Bildes der Reisgöttin – am spitzen Bambus zu erdolchen. Jetzt kann beim Schrein der echten Reisgöttin zur Verteilung der blutbespritzten Palmblätter und der Speisepakete für die erdgebundenen dämonischen Mächte geschritten werden. Die Bauern pflanzen diese an der Stelle, wo das Wasser in ihre Felder einfließt, in den Boden und huldigen anschließend der Reisgöttin.

Wenn der ausgepflanzte Reis 40 Tage alt ist und Mäuse, Heuschrecken und andere Insekten sein Wachstum bedrohen, findet erneut ein kleines Ritual zur symbolischen Schädlingsbekämpfung statt, das *nangluk merana* genannt wird. Dabei werden alle mit der Reisgöttin verwandten Gottheiten in ihren Tempeln besucht, mit Opfergaben verehrt und zum Fest der Reisschwangerschaft zum Schrein der Reisgöttin geladen.

Die Bauern von Sidemen fördern so einmal mehr ihren Reisbau, indem sie mit rituellen Mitteln versuchen, Katastrophen abzuwenden oder mögliche Schäden zu begrenzen. Doch verschränken sich auch in dieser kritischen Wachstumsphase rituelle Kontrolle und praktisches Handeln, wird doch auch zum Zeitpunkt des *nangluk merana* auf den Feldern gejätet *(nyiag).* Durch die Massenvegetation von Wasserunkräutern, die die Reispflanze zu ersticken drohen, können die Zuleitungswege des Berieselungswassers verstopft werden, zudem entziehen sie dem Reis Nährsalze, Licht und Wärme. Gejätet wird von Hand oder mit einem langen, schaufelartigen Instrument, das von Hand gezogen oder geschoben und als *kiskis* bezeichnet wird.

Die Schwangerschaft der Reisgöttin

Rund 60 Tage nach dem Auspflanzen beginnt die Spelzenbildung: Die Reisfrucht gibt sich erstmals zu erkennen, und die Reisgöttin gilt als schwanger. Nun bereitet sich die *subak* auf das große, dreitägige Fest der Reisschwangerschaft *(aci ngayu-ayu)* vor, mit dem die Götter um reichen Inhalt der Spelzen, große Körner und Beistand gegen Schädlinge und Krankheiten aller Art gebeten werden.

Jedes Mitglied der Bewässerungs-Genossenschaft hat einen seinen Besitzverhältnissen angemessenen Teil Reis aus dem Speicher zu holen und für die kollektiven Opfergaben und die Gemeinschaftsmahlzeiten zur Verfügung zu stellen. Der genau ausgewogene Anteil an ungeschältem Reis wird nun durch rhythmisches Stampfen enthülst. Um einen aus einem Baumstamm verfertigten Reistrog – *ketungan* genannt – stehen mehrere Frauen, die die Reisrispen mit körperlangen Holzstampfern bearbeiten, bis der Reis von den Spelzen befreit ist. Oft wird der Dreschrhythmus noch verstärkt, indem eine Frau am Trogrand oder der seitlichen Trogwand Leerschläge ausführt – zu keinem anderen Zweck als zur Belebung des Rhythmus. Das Prinzip dieser Arbeitsmusik kann als Modell balinesischer Rhythmik überhaupt betrachtet werden. Wo im Zuge der Modernisierung Reismühlen an die Stelle der Mörser und Stampftröge getreten sind, verschwindet diese Grundlage balinesischer Musik und damit ein Stück der Kultur.

Schon vor Beginn des Festes sind vor dem Tempel zu Ehren der Bhatari Śri hohe Bambusgräser oder *penjor* aufgerichtet worden, geschmückt mit Reisrispen und anderen Früchten des Landes. Phallische Symbole des Mahadewa, künden sie weithin sichtbar von der Feier der Reisschwangerschaft. Während zwei Holzschlitzgongs *(kulkul)* im rhythmischen Wechsel geschlagen werden und getragene, durch Lautsprecher verzerrte Gesänge den Empfang begleiten, ziehen die göttlichen Verwandten der Reisgöttin in Sänften vor dem Tempeltor in Begleitung ihrer Orchester auf. Nach einem feierlichen Empfang durch die *subak*

Altar für die schwangere Reisgöttin

ziehen die Gäste unter den Klängen der Prozessionsmusik in den Tempel ein, um in ihren Schreinen und auf ihren Altären Platz zu nehmen.

Im Innern des Tempelbezirkes musiziert ein altbalinesisches *gambang*-Ritualensemble. Die metallisch hell und schwer klingenden Grundtöne der Melodie werden durch ein Filigran von Figurationstönen mehrerer Bambusinstrumente belebt. Während sich der Brahmanenpriester rituell reinigt und so auf sein Offizium vorbereitet, bringen die Frauen kunstvolle Opfergaben zu den Schreinen und Altären der Gottheiten. Sobald die Essenz der Speiseopfer durch die rituellen Handlungen und Gebetsformeln der Tempelpriester zu den göttlichen Gästen vorgedrungen ist, werden die materiellen Reste der Speisen nach Hause getragen.

Inzwischen hat sich die Mehrheit der Männer und Jungen vor dem Tempeleingang eingefunden, um große Mengen von Palmwein als Trankopfer auf den Boden zu schütten und um sich selbst mit dem gärenden Saft der Zuckerpalme zu betrinken. Das Böse läßt sich auf Bali am wirkungsvollsten durch den bekämpfen, der sich selbst sündhaft verhält, um sich damit vorübergehend negative Eigenschaften anzueignen.

Mit jubelndem Lärm, Tanz und alkoholischen Trankopfern werden die dämonischen Mächte angelockt, vor dem Tempeleingang gebannt und schließlich mit einem dreimaligen Umgang um den Tempelbezirk vertrieben. Erst jetzt können die sakralen Handlungen innerhalb der Tempelumfriedung ungestört vor sich gehen. Der Priester verwandelt sich mit *mantras* und *mudras* in Śiwa, um geweihtes Wasser für den Segen der Felder herzustellen. Zum gleichen Zeitpunkt bewegt sich eine Prozession von Frauen und Mädchen durch die Tempelhöfe und um den Schrein der Reisgöttin. Von Menstruationen noch "unbefleckte" Mädchen, mit Blumenkronen geschmückt, tanzen im Gehen andeutungsweise den rituellen *rejang*-Tanz zu Ehren der schwangeren Bhatari Śri.

Nach geraumer Zeit kehrt die Schar der Männer triumphierend und mit gezückten Kris-Dolchen in den Tempel zurück. Einmal mehr ist es ihnen gelungen, die dämonischen Kräfte in die Flucht zu schlagen, die ihr Grundnahrungsmittel und damit das Leben der gesamten Gemeinschaft bedrohen.

Reife Reisrispen

Drei Tage nach dem Fest der Bewässerungs-Genossenschaft pflanzen die Bauern am Kopfende ihrer Feldparzellen *(alapan),* in Richtung der aufgehenden Sonne und des göttlichen Vulkans, einen Bambusaltar in den Boden. So folgt auf das große Ritual der Gemeinschaft das kleinere der einzelnen Bauernfamilien.

Kuchen aus Reismehl in den Farben rot, weiß und gelb, Blumen und Betel in einem kleinen Flechtpaket, süße, scharfe, salzige und saure Spezialitäten finden sich unter den Opfergaben: Speisen also, nach denen es schwangere Frauen zuweilen gelüstet. Das geweihte Wasser des Brahmanenpriesters wird – mit der Bitte um ungestörtes Wachstum und reiche Ernte – in alle Himmelsrichtungen über die Felder gesprengt. Die Bambusaltäre für die Reisgöttin bleiben nun bis zum Ernteritual in den Feldern stehen.

Die Ernte

Mit dem Einsetzen der Reifeperiode nach der Reisblüte werden die Naßfelder trockengelegt. Um den Körnern ein erfolgreiches Ausreifen zu ermöglichen, wird der Wasserstand allmählich abgesenkt, bis die Felder zur Erntezeit, wenn sich die Fruchtstände unter ihrer Last nach unten neigen, völlig trocken liegen. Gegen die Reissperlinge, die sich in Scharen auf die reifenden Körner stürzen, werden Vogelscheuchen aufgestellt, und Kinder scheuchen die gefräßigen Vögel mit Bambusklappern und Rufen auf.

Fünfeinhalb Monate nach dem Auslegen der Muttersaat sind die Reisfelder gelb geworden. Drei Tage vor Beginn der Ernte wird die Reisgöttin gebeten, auf ihrem Altar Platz zu nehmen. Neben einer ganzen Anzahl spezieller Opfergaben kann man auf der Opferplattform kleine, menschenähnlich gestaltete Geflechte mit weiblicher, halbmondförmiger Haartracht erkennen, sogenannte *cili-* oder – in Sidemen – *deling*-Figuren, die die Reisgöttin symbolisch vergegenwärtigen.

Nachdem die Reisgöttin auf ihrem Altar Platz genommen hat, werden mit einem rituellen Erstschnitt im zuoberst gelegenen Reisfeld mit dem kleinen, wiegenförmigen Reismesser *(anggapan)* gerade so viele Rispen vom Halm getrennt, wie zur Herstellung eines männlichen, *alapan* genannten Reissymbols erforderlich sind. Die frei nach oben stehenden Stielenden des Bündels werden mit Baumwollgarn eingebunden, mit Blumen und einer chinesischen Lochmünze ge-

Nini Pantun, die göttliche Reismutter

schmückt. Ein weiteres, mit Blumen geschmücktes Gebinde wird auf dem *alapan*-Altar angebunden und bleibt dort bis nach der Ernte stehen. Die *alapan*-Garbe wird auf dem Felde mit Weihwasser geweiht und von den mit einem Schweigegebot belegten Bäuerinnen auf dem Kopf ins Dorf getragen, wo sie zunächst an einem sicheren Ort aufbewahrt wird.

Für die eigentliche Ernte haben sich alle Mitglieder einer Erntearbeitervereinigung – Männer und Frauen – eingefunden, auf anderen Feldern wird im Familienverband oder zusammen mit Freunden geerntet. Ärmere Leute aus dem Dorf nehmen das traditionell verbürgte Recht zur Nachlese wahr. Bevor mit den Erntearbeiten begonnen wird, muß dafür gesorgt werden, daß die Reisseele beziehungsweise Bhatari Śri persönlich anwesend ist. Erst wenn die schönsten Rispen des Erntejahres zu einer göttlichen, Nini Pantun oder Reismutter genannten Garbe vereinigt worden sind, können die übrigen Garben westlich oder südlich von ihr, in Richtung des Sonnenuntergangs oder des Meeres, aufgereiht werden. Nini Pantun ist Wächterin über die Ernte und Beschützerin des Ertrages. Während der ganzen Ernte gegenwärtig, wartet sie, bis die letzte der Garben eingebracht ist. Zu Ehren und zur Unterhaltung der Reisgöttin werden während der Arbeit sakrale Gesänge angestimmt.

Im Unterschied zu anderen Getreidesorten wird der Reis nicht mit dem ganzen Halm gemäht: Nur die Rispen werden vom Halm abgeschnitten und gebündelt. Alle Beteiligten arbeiten mit dem kleinen, für den traditionellen Reisbau Asiens und besonders Indonesiens typischen Reismesser, das in der hohlen Hand verborgen wird, um die göttliche Reispflanze nicht zu verletzen. Flink wird eine Rispe nach der an-

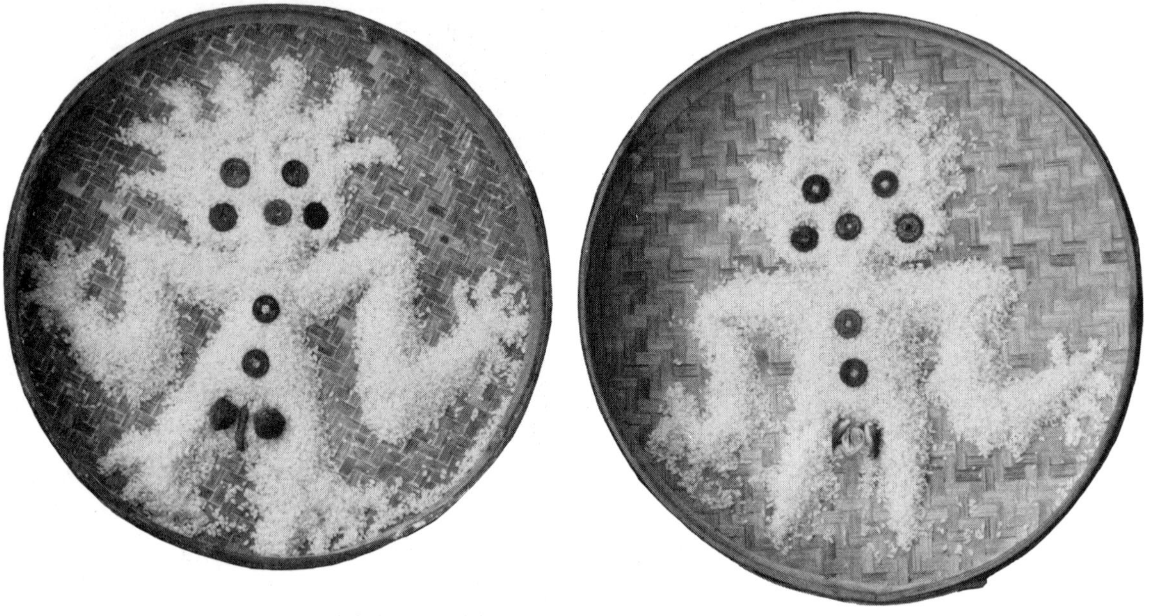

Opfergaben aus Reis: Ausdruck des dualistischen Weltbildes

deren mit dem Zeigefinger über die metallene Klinge geknickt. Traditionelle Reissorten lassen sich im Unterschied zu den Neuzüchtungen unmöglich mit der Sichel ernten, ohne dem göttlichen Reis und seiner Seele Schaden zuzufügen. In der Arbeit mit dem Reismesser drückt sich deshalb der Respekt vor dem Reis in besonders deutlicher und eindrücklicher Form aus. Praktische Vorteile des Reismessers liegen zum einen bei der natürlichen Auswahl von ungleich hohen und reifen Pflanzen während des Schnitts und in der Beteiligung breiter Bevölkerungskreise während der arbeitsintensiven Ernte.

Wenn alle Garben gebündelt und aufgereiht worden sind, wird im Ritual der Reishochzeit ein Teil der weiblichen Kraft der Reismutter mit der drei Tage zuvor auf den Altar gebrachten männlichen Potenz des *alapan* zusammengebunden und so verheiratet. *Alapan* kann als ein Symbol für den Gott Wiśnu – "das befruchtende Wasser" – gedeutet werden. Aus dieser kosmischen Vereinigung entsteht das neue Saatgut: Die Kontinuität der Reispflanze und ihre Fähigkeit zur Fortpflanzung bleiben gewährleistet.

Nachdem die Bäuerin den gesamten Ernteertrag gesegnet und geweiht hat, wird sorgfältig gezählt und ein Sechstel als Lohn für die Erntearbeiter abgezweigt. Ein Drittel der verbleibenden Garben steht dort, wo das Land in Teilpacht bearbeitet wird, der Pächterfamilie zu, zwei Drittel gehen an die Besitzer des Reisfelds. In manchen Teilen Balis wird hälftig geteilt. Im Gefolge der Reismutter, die gleichgestellt wird mit der Reisseele und Bhatari Śri, werden die Garben schließlich ins Gehöft getragen und dort feierlich mit Opfergaben empfangen *(pamendak)*.

Um die Gegenwart der Reisseele geht es auch beim rituellen Einspeichern, bei dem wiederum geflochtene *cili*-Symbole von ihrer Gegenwart zeugen. Zuvor ist jedoch der geschnittene Reis in Garben von möglichst gleicher Größe und mit den Halmen nach oben ein oder zwei Wochen im Freien getrocknet worden. Zur feierlichen Einbringung der Bündel sind vor dem Speicher eine Fülle von Opfergaben ausgebreitet.

Nach der rituellen Reinigung des Speicherraumes werden die sakralen, Śri und Wiśnu verkörpernden Garben als erste eingebracht und im Innern auf einen erhöhten Ehrenplatz gestellt. Auch bei diesem letzten Ritual des Reisbauzyklus gilt es, die göttliche Substanz des Reises auf der Erde festzuhalten, ist doch ihre ständige Präsenz Voraussetzung für den Fortbestand des Grundnahrungsmittels. Wenn die Opferhandlungen im Speicherinnern abgeschlossen sind, können die getrockneten Reisbündel herbeigetragen und eingelagert werden.

Stampfen und Kochen

Der für den Eigenbedarf bestimmte Reis wird nicht sofort nach der Ernte gedroschen, die Rispen vielmehr gebündelt in den Speicher gebracht und je nach Bedarf entnommen. Das Dreschen und Entspelzen der Körner geschieht in ein- und demselben Arbeitsprozeß: Beim Stampfen im Reistrog oder Mörser lösen sich die Körnerfrüchte von den Halmen und werden gleichzeitig von den Spelzen befreit.

Das Enthülsen des Reises wurde bis vor kurzem im eigenen Haushalt durchgeführt. Heute wird diese Arbeit fast überall von Reismühlen *(slips)* übernommen, in denen der Reis nicht nur entspelzt, sondern auch poliert, also von der besonders vitaminreichen dünnen Hülle des Korns, der sogenannten Silberhaut, befreit wird.

Die balinesische Reispflanze – und mit ihr viele andere in Asien – kennt viele Namen. *Padi* – oder hochbalinesisch *pantun* – heißen sowohl die heranwachsenden Reispflanzen als auch die geernteten Reishalme. *Gabah* ist das ungeschälte, bespelzte Reiskorn, *beras* der entspelzte, rohe Reis. *Nasi,* hochbalinesisch *ajengan,* heißt der gekochte oder gedämpfte Reis, *nasi goreng,* auch in westlichen Küchen in vielen Variationen bekannt, ist gebratener Reis, gemischt mit Gewürzen und verschiedenen Zutaten.

Neben dem weißen *beras* gibt es den schwarzen Reis *(injin)* und den Klebreis *ketan,* der in Indonesien zur Herstellung von Süßspeisen verwendet wird. Klebreis wird in kleinen, aus Blättern geflochtenen Körbchen gedämpft, mit Palmzucker gesüßt, mit Fruchtstücken gefüllt oder mit Kokosmilch zu farbigen Pasten, Kuchen und Gebäcken geformt.

Bevor der frisch gekochte oder gedämpfte Reis gegessen werden darf, werden jeweils ein paar Körner auf

Das tägliche Reisopfer

kleine Blattabschnitte gelegt und den Gottheiten, den Ahnen und der Erde geopfert, die den Reis geschaffen haben. So erhalten Bhatara Wiśnu beim Wasserbehälter, Bhatara Brahma beim Herdfeuer, Bhatari Śri beim Reissack und im Speicher, die Ahnen im Ursprungsschrein, der Sonnen- und Vulkangott auf seinem Steinsitz und die erdgebundenen Mächte zu ebener Erde im Zentrum des Gehöfts etwas von dem zurück, was der Mensch ihnen verdankt.

Fruchtwechsel

Während auf einzelnen Feldern in Sidemen der Reis noch auf die Ernte wartet, werden andere, nachdem das Reisstroh mit Sicheln abgeschnitten worden ist, für den Fruchtwechsel vorbereitet, gepflügt und gehackt. Im gemischten Anbau *(tumpang sari)* werden auf den vorübergehend zu Trockenfeldern und zu großen Gärten gewordenen Reisfeldern sogenannte „Zweitgewächse" mit unterschiedlicher Vegetationsdauer angepflanzt: Schalotten, Soyabohnen und Chilipfeffer *(Capsicum).*

60 Tage nach dem Auspflanzen können Schalotten und Soyabohnen geerntet werden. Als Folgegewächse werden nun Mais, Erdnüsse, nochmals Soya, Bohnengewächse, Süßkartoffeln und verschiedene Gemüse angepflanzt, die den Speisezettel bereichern. Chilipfeffer wächst weiter und kann nach drei Monaten mehrmals – über zwei Monate hinweg – reiche Erträge bringen. Seit einigen Jahren spielt auch der Anbau von Nelkenbäumen und Vanille, von Fruchtbäumen und -sträuchern und von Maniok in Haus- und Hofanschlußgärten sowie auf Trockenland an steilen Hügeln eine immer größere Rolle.

Vor allem Teilpächter und diejenigen, die kein Land besitzen, profitieren in Sidemen von einem Verteilungssystem, das sie zwar beim Reis benachteiligt, bei den Fruchtfolgen, deren Ernten rentabler sind als die schnellwüchsiger Reise, jedoch stark begünstigt. Zwei Ernten mit den neuen, von der Regierung propagierten Reissorten ergäben hier im Jahr zusammengenommen höchstens 10 Prozent mehr Ertrag als eine Ernte mit dem einheimischen *padi taun*. Dieser ergibt rund sechs bis sieben Tonnen je Hektar, der neue Reis bei zwei Ernten nicht mehr als insgesamt sieben bis acht Tonnen. Einheimischer Reis läßt sich zudem auf den lokalen und regionalen Märkten zu einem wesentlich besseren Preis verkaufen – im Mai 1988 für 500.- Rupien je Kilogramm – als der neue Reis für 200.- Rupien. So sind auch die landbesitzenden Kreise keine strikten Verfechter umwälzender landwirtschaftlicher Neuerungen.

Vom Gesamtertrag einer Reisernte erhält der Landbesitzer in Sidemen zwei Drittel, der Teilpächter ein Drittel. Bei den Folgegewächsen jedoch, bei denen es sich zum Teil um wichtige Handelsgewächse, also Bargeldquellen, handelt, erhält der Teilpächter die Hälfte des Ertrages und zusätzlich ein Viertel als Saatgut für die nächste Anbauphase. Von daher leben besonders die landlosen Teilpächter mit diesem System besser, als wenn sie das ganze Jahr über Reis anbauen müßten. So läßt sich verstehen, daß die Bauern von Sidemen sich gegen das Ansinnen der Regierung zur Wehr gesetzt haben, das traditionelle System des Reisanbaus und die lokalen Sorten aufzugeben und durch neues, auf den Philippinen gezüchtetes und von der Regierung vermarktetes Saatgut zu ersetzen.

Die Reisbauern von Sidemen haben gesehen, wie in vielen Teilen der Insel statt der Vielfalt der für den Eigenbedarf bestimmten Reissorten wenige, chemieabhängige Züchtungen des Internationalen Reisforschungsinstituts angebaut wurden. Und erhielten die Bestätigung für das, was sie seit Generationen wußten: Für die Bodenqualität ist sowohl die zeitweilige Trockenlegung des Bodens außerordentlich wichtig, da ständig nasse Felder nicht die günstige physikalische und chemische Konstitution erlangen wie solche, die sich trockenlegen lassen, aber auch die Wechselwirtschaft bewirkt eine aktive Verbesserung des Bodens, der beim Fruchtfolgesystem fruchtbarer bleibt. Mit Folgegewächsen entzieht man darüber hinaus den Reisschädlingen für geraume Zeit den Wirt und minimiert so den Schädlingsbefall.

Dem neuen Reis der "Grünen Revolution" gebührt nicht länger der Respekt, den man der einheimischen göttlichen Pflanze zollt. Felder ohne Altäre deuten an, daß an die Stelle traditionellen bäuerlichen Wissens, des Gebets und der Opfergabe Kunstdünger und Pestizide und damit ein neues, landwirtschaftliches Denken getreten sind, in dem national definierte Wirtschaftsprogramme, Leistungsprinzipien, Wettbewerb und Ertragsmaximierung höher bewertet werden als das Wissen und die Werte der einheimischen Bauern.

Indonesien ist seit 1984 in der Lage, seinen Reisbedarf aus eigener Kraft zu decken. In den traditionellen Reiskammern des Inselreiches sind die Landkapazitäten ausgeschöpft und die oberen Ertragsgrenzen erreicht worden. Eigene Züchtungen haben dazu geführt, daß seit einiger Zeit gute, lokal besser angepaßte Sorten verfügbar sind, die im traditionellen Glaubenssystem verankert werden können. In der Tat stehen seit 1988 auf vielen Feldern neue, in leblosem Zement gegossene Einheitsaltäre, die immerhin die Hoffnung wecken, daß mit dem Reiskult eine der Grundlagen balinesischer Kultur erhalten bleibt.

Die Grüne Revolution

Als "Grüne Revolution" wird eine wissenschaftlich orientierte Bodenbewirtschaftung bezeichnet, die durch forcierten Einsatz komplexer landwirtschaftlicher Technologien eine Ertragssteigerung besonders bei Grundnahrungsmitteln in Ländern der sogenannten Dritten Welt bezweckt. Die leitenden gedanklichen Prinzipien der "Grünen Revolution" und ihre wichtigsten technologischen Errungenschaften leiten sich von einem westlichen industriellen und technokratischen Fortschrittsmodell ab, in dem für die soziale Frage zunächst kein Platz vorgesehen war.

Im Vordergrund des technologischen Maßnahmenpakets der "Grünen Revolution" stand von Anfang an die Neuzüchtung modernen, hochleistungsfähigen Saatguts mit bestimmbaren genetischen Eigenschaften. Wesentlich waren im weiteren die Entwicklung neuer Methoden des Pflanzenschutzes und der Schädlingsbekämpfung – mit Herbiziden und Pestiziden – sowie die industrielle Produktion und der verstärkte Einsatz chemischer Düngemittel. Grabstock und Pflug sollten durch Traktoren, Erntemaschinen und Flugzeuge, die menschliche Arbeit mehr und mehr durch andere Energien ersetzt werden. Als ergänzende Maßnahmen waren Verbesserungen im Bewässerungswesen, Landreformen und fortschrittliche Kreditregelungen vorgesehen.

Züchtung neuer Varietäten

Eine Schlüsselstellung im Maßnahmenkatalog der "Grünen Revolution" kam also den Saatsorten zu. Eine zentrale Rolle in der Entwicklung der neuen, ertragreicheren Reisvarietäten (HYV) spielt dabei das Internationale Reisforschungsinstitut IRRI *(International Rice Research Institute)* in Los Banos, 65 Kilometer südöstlich von Manila gelegen und 1960 von den Ford- und Rockefeller-Stiftungen gemeinsam mit dem philippinischen Staat gegründet. Die Tätigkeiten dieses Forschungs- und Trainingszentrums für Reisbau und Reiszüchtung – von der Welternährungsorganisation FAO, der Weltbank sowie weiteren rund 50 Organisationen und Spenderländern unterstützt – sind vielfältig und umfassen neben der genetischen Grundlagenforschung und Züchtung neuer Hochleistungssorten auch die Ausbildung landwirtschaftlicher Berater und Wissenschaftler.

Eines der wichtigsten Instrumente in der Entwicklung neuer Stämme stellt die vom IRRI eingerichtete Samenbank dar, in der die meisten der weltweit bekannten 100 000 bis 120 000 Sorten enthalten sind. Die meisten asiatischen Reisbaunationen hatten bereits in den dreißiger Jahren damit begonnen, nationale Sammlungen von Reisvarietäten anzulegen. Sie konzentrierten sich dabei jedoch vor allem auf die kommerziellen Sorten und vernachlässigten die für Neuzüchtungen so nützlichen Wild- und Primitivformen. Diese Lücke hat das IRRI nun geschlossen. Reis ist damit die erste bedeutende Nahrungspflanze, die in der ganzen Vielfalt ihrer natürlichen Variabilität erhalten wird.

Das Internationale Reisforschungsinstitut hat im Laufe der letzten Jahre anfänglich problematische und später auch erfolgreiche Varietäten entwickelt. Der Gen-Pool des IRRI bietet die Möglichkeit zur Kreuzung bestimmter gewünschter Eigenschaften, wobei zunehmend auch Faktoren wie Düngung, Pflanzenschutz und Bewässerung genetisch einbezogen werden. Nationale Forschungsprogramme ergänzen die Saatforschung des IRRI und kümmern sich vor allem um die Anpassung der Neuzüchtungen an lokale Wachstumsbedingungen.

Probleme mit dem "Wunderreis"

Im Jahre 1966 verließ die Kurzstrohsorte IR 8 die Laboratorien des Internationalen Reisforschungsinstituts, lieferte Rekordernten und wurde bald als "Wunderreis" gefeiert. Die ertragreiche und schnell wachsende Sorte offenbarte jedoch bald ihre negative Seite. Wer seine Felder zweimal im Jahr oder häufiger dicht bepflanzen wollte, hatte auf den hohen Bedarf an chemischen Düngemitteln Rücksicht zu nehmen, war doch die IR 8 Teil eines umfassenden technologischen Paketes, das den Anbau in Monokultur über weite Gebiete hinweg erforderte. Wer sich die notwendigen teuren Inputs nicht leisten konnte, erhielt Erträge, die kaum größer und vor allen Dingen weniger verläßlich waren als die der traditionellen Sorten. Und wer mehr Reis auf den Markt bringen wollte und konnte, hatte nicht nur zunehmend Probleme mit Schädlingsinsekten, sondern auch mit dem Geschmack des Reises und seinen Kocheigenschaften.

Die IR 8-Phase der Anfangszeit ist inzwischen durch mehrere Generationen neuer HYVs abgelöst worden, bei denen viele Schwächen beseitigt und Vorteile verstärkt worden sind. Das Institut begann darauf zu achten, daß die Sorten resistenter waren, und legte ebenso viel Wert auf gleichmäßige wie hohe Erträge. Der neue Reis sollte sein Wachstumspotential voll ausschöpfen und sich dabei möglichst gut den lokalen Bedingungen anpassen. Längere Zeit galt die Sorte IR 36 – eine Züchtung von 13 verschiedenen Varietäten aus sechs Ländern – als bestmögliche Lösung. Sie zeigte sich resistent gegen die wichtigsten Insekten, reifte in 110 Tagen, gedieh unter verschiedenartigen Kulturbedingungen und hatte ein Korn von guter Qualität. Doch auch diese Sorte wurde schließlich ein Opfer der Grünen Reiszikade und brachte 1981 starke Verluste auf Bali, Ost- und Zentral-Java.

Neue IRRI-Züchtungen – IR 50, 52 und 54 – und nationale Eigenzüchtungen der reisproduzierenden Länder folgten im unermüdlichen Wettlauf mit dem Ziel, Schädlingen und Krankheiten gegenüber einen kleinen, aber entscheidenden Vorsprung zu haben. Besonders gefürchtet unter den Schmetterlingen sind die sogenannten "Reisstengelbohrer" aus der Familie der Lichtmotten, deren Raupen sich längs durch den Halm fressen. Aufgrund ihrer Lebensweise sind sie besonders schwierig und durchaus nicht immer erfolgreich zu bekämpfen. Bedrohlich für den Reis kann auch das Saugen einiger Wanzen – insbesondere der *Leptocorisa varicornis* – an den grünen Teilen der Pflanze und den jungen Früchten werden. Auch einige Zikaden, besonders die Grünen und Braunen Reiszikaden, fügen auf diese Weise der Reispflanze Schaden zu. In manchen Jahren können Heuschrekken zur großen Plage werden. Unter den pflanzlichen Schädlingen sind besonders die Wurzelschmarotzer und einige äußerst gefährliche parasitische Pilze gefürchtet.

Biologische Schädlingsbekämpfung

Die bisherigen Erfahrungen mit Neuzüchtungen haben deutlich gezeigt, daß einmal resistente Sorten keine Gewähr für dauerhaften Erfolg bieten. Da sich Krankheiten und Schädlinge immer wieder bemerkenswert schnell anzupassen vermögen, zielt man heute nicht mehr unbedingt auf eine Ausrottung der Schädlinge durch massiven Chemieeinsatz ab, sondern auf deren Kontrolle mit genetischen und biologischen Maßnahmen. Reiskulturen sind Ökosysteme, die empfindlich auf Pestizide reagieren und sich nach dem Einsatz von Schädlingsbekämpfungsmitteln oft in nicht beabsichtigter Weise verändern. Darüber hinaus wird die Wirksamkeit der natürlichen Feinde der Pflanzen vermindert oder unterdrückt. Die biologische Schädlingsbekämpfung schenkt der Resistenz der Pflanze gegenüber Schädlingen und Krankheiten und der Anwesenheit eines Komplexes von natürlichen Feinden und Krankheitserregern besondere Beachtung. Ihre Aufgabe sieht sie in der Manipulation, dem Schutz, der Einbürgerung und dem Einsatz von natürlichen Feinden der Schädlinge und Unkräuter sowie der Gegenspieler der Krankheitserreger.

Untersuchungen, die im Rahmen des groß angelegten Schweizer Projekts "Integrierter Pflanzenschutz in der Reiskultur" – beteiligt waren der Dienst für Entwicklungszusammenarbeit und humanitäre Hilfe, die Eidgenössische Technische Hochschule und der Chemiekonzern CIBA-Geigy – in der landwirtschaftlichen Versuchsstation am Alaotra-See in Madagaskar durchgeführt worden sind, haben auf einer Anbaufläche von rund 70 000 Hektar deutlich gezeigt, daß das Schädlingsproblem mit der Intensität einer Kultur und der Steigerung der Erträge zunimmt. Zu den wirtschaftlichen Aspekten dieser Ergebnisse stellt Vittorio Delucchi, Professor für Insektenkunde an der Eidgenössischen Technischen Hochschule Zürich und Präsident der Internationalen Organisation für biologische Schädlingsbekämpfung, lakonisch fest, "daß die vom Stengelbohrer verursachten Verluste unter Berücksichtigung des gegenwärtigen Ertragniveaus immer unterhalb der Kosten für eine chemische Bekämpfung liegen. Mit anderen Worten: Um den Stengelbohrer chemisch zu bekämpfen, muß mehr ausgegeben werden als der Wert des Verlustes, den der Bohrer verursacht. Es ist demnach besser, Reis anstelle von Pestiziden auf dem Weltmarkt einzukaufen."

Monokultur: Paradies für Schädlinge

Im Zuge der "Grünen Revolution" wurden auch in Indonesien neue Reissorten mit höheren Erträgen eingeführt und quasi in Monokultur angepflanzt. Dabei zeigte sich, daß die Pflanzen weniger widerstandsfähig waren und mit massivem chemischen Einsatz geschützt werden mußten. In der Monokultur fand die Braune Reiszikade ideale Bedingungen und konnte sich schnell vermehren. Der anfänglich unbedeutende Schädling wurde so zur schlimmsten Plage. Gerade wegen der vielen eingesetzten Pflanzenschutzmittel entwickelte die Reiszikade mit großer Schnelligkeit eine ausgeprägte Widerstandskraft gegen die Chemikalien. Die Bauern waren gezwungen, die Pestizidmenge immer mehr zu erhöhen.

1984 lag der Pestizidverbrauch in Indonesien mit 40 000 Tonnen viermal höher als 1979. Die vielen Pestizide zerstörten zwar die natürlichen Feinde der Reiszikade, nicht aber den Schädling selbst. Als die Situation unkontrollierbar wurde, griff die indonesische Regierung ein und verbot die meisten der nutzlosen Chemikalien.

Die zehn heute noch erlaubten Insektizide seien ausgewählt worden, erklärte der Wissenschaftler Dr. Soejitro, weil sie die Zikaden im richtigen Ausmaß vernichten würden, ohne aber deren natürliche Feinde zu beseitigen. Die noch verwendeten Pestizide würden nur vereinzelt angewendet und seien auch weniger giftig: So seien auch die Bauern selbst besser vor Vergiftungen geschützt.

Beispiel: Indonesien

Reis ist im größten Teil des indonesischen Archipels das wichtigste Grundnahrungsmittel. Etwa 60 bis 80 Prozent des Kalorienbedarfs der meisten Indonesier werden mit Reis gedeckt. Um überleben zu können, müssen allerdings die Bauern vielerorts auch Mais, Maniok, Gemüse und Früchte anbauen. Der Reisbedarf pro Kopf und Jahr liegt bei 160 Kilogramm.

Über 82 Prozent der indonesischen Bevölkerung von etwa 170 Millionen leben in rund 57 000 ländlichen Gemeinden. Der weitaus größte Teil der landwirtschaftlichen Nutzflächen – 86,4 Prozent im Jahr 1973 – wird von kleinbäuerlichen Betrieben bewirtschaftet, von denen über 70 Prozent weniger als einen Hektar umfassen. In den übervölkerten Bewässerungsfeldbaugebieten Javas, Süd-Balis und Lomboks herrschen Betriebsgrößen von 0,2 bis 0,5 Hektar vor. Zahlreiche Familien besitzen nur Hausgärten und Trockenfelder an Hügeln *(ladang)*, mehr als die Hälfte bearbeiten das Land als landlose Pächter, Teilpächter oder Landarbeiter. Nur 2 Prozent der Betriebe verfügen demgegenüber über fünf Hektar und mehr.

Der Landwirtschaft und besonders dem Reisbau kamen und kommen deshalb im Rahmen der sozioökonomischen Entwicklung Indonesiens überragende Bedeutung zu. Reis ist für viele Indonesier nicht nur Grundnahrungsmittel und Garant des Lebens, er ist auch die Ersatzwährung des Staates und zahlreicher Unternehmen, die mit Reis einen Teil ihrer Gehälter auszahlen. Hauptziel der Agrarproduktion ist seit der Erlangung der Unabhängigkeit vom niederländischen Kolonialregime im Jahre 1949 die ausreichende Versorgung mit Lebensmitteln. Im Vordergrund stand dabei das seit den fünfziger Jahren angestrebte Ziel, mit staatlicher Lenkung die nationale Selbstversorgung mit dem Grundnahrungsmittel Reis zu erreichen und sicherzustellen.

Nationale Selbstversorgung

Die indonesische Gesellschaft sollte ihre Nahrungsbedürfnisse aus eigener Kraft befriedigen können. Doch obwohl rund 80 Prozent der Bevölkerung in der Landwirtschaft tätig waren, dauerte es noch 35 Jahre, ehe das Ziel der nationalen Selbstversorgung erstmals Wirklichkeit wurde. Zum Teil lassen sich die Schwierigkeiten aus der Kolonialzeit heraus verstehen: Die Niederländer hatten in Indonesien ein dualistisches Wirtschaftssystem geschaffen, in dem einerseits ein moderner, gewinnorientierter und auf die Bedürfnisse des Weltmarkts ausgerichteter Wirtschaftssektor in den Produktionszentren des Landes bestand, daneben aber – fast ohne Beziehungen zur modernen Wirtschaft – eine kleinbäuerliche und kleingewerbliche, subsistenzorientierte Wirtschaft der Mehrheit der Einheimischen auf dem Lande. Unter dem Zustrom westlichen Kapitals nach der Unabhängigkeit vertiefte sich diese Kluft noch. Verschlimmernd wirkten sich im ersten Jahrzehnt der Republik Indonesia im weiteren die Nachlässigkeit der Behörden und ein unerwartet schnelles Bevölkerungswachstum aus.

Im August 1959 stellte der damalige indonesische Präsident Sukarno in einer Ansprache an die Nation die Agrarrevolution ins Zentrum des sozialistischen Aufbaus seines Landes. Mit der Inkraftsetzung eines neuen Landwirtschaftsgesetzes und der Erarbeitung eines Achtjahresplans für den "Nationalen Wiederaufbau" gab Sukarno der Erhöhung der Reisproduktion absolute Priorität. Die Strategie zur Erreichung dieses Ziels bestand aus Landreformprogrammen, einer effektiveren Nutzung des Bodens durch kooperative Arbeitsorganisationen und traditionelle Formen gegenseitiger Hilfe, der Vergabe günstiger Kredite an die Bauern, verbesserter Bewässerung, der Einführung neuer Reissorten und Pflanzmethoden und dem Einsatz von Kunstdünger und Insektiziden.

Die erzielten Ertragssteigerungen blieben weit unter den Kosten des Programms. Die im Rahmen der Landreform geplante Umverteilung des Bodens wurde von den Großgrundbesitzern hart – und zum Teil erfolgreich – bekämpft, waren diese doch zumeist identisch mit der lokal einflußreichen Elite, die innerhalb der Dorfgemeinschaften die politischen Macht- und Entscheidungsbefugnisse innehatte. Hinzu kam, daß das indonesische Agrarrahmengesetz zum Teil einschneidend in sehr unterschiedliche lokale oder regionale traditionelle Bodenrechtssysteme eingriff und erbrechtliche Aufteilungen des Landes, individuelle Eigentumsrechte oder traditionellen Gemeinschaftsbesitz von Klanen oder Dörfern in Frage stellte, in denen die Bindung an Grund und Boden nicht nur wirtschaftliche, sondern auch gesellschaftliche, kulturelle und religiöse Gründe hatte.

Von 1963/64 an setzte die auf die Bauern ausgerichtete Entwicklungspolitik Sukarnos neue Akzente in Form intensiver Beratertätigkeit – *Agricultural Extension Service* – der Landwirtschaftlichen Hochschule in Bogor auf Java. Die Beratung durch Studenten dieses Instituts verfolgte das Ziel, die Bauern neue Anbautechniken zu lehren, Produktionsgenossenschaften zu gründen und sich politisch zu organisieren. Ertragssteigerungen von 25 bis 30 Prozent auf den zunächst 11 000 Hektar Anbaufläche führten zum euphorischen Ausbau des Beraterdienstes und zu einem ersten Vorläufer der sogenannten Bimas-Programme – *Bimbingan Massal:* Anleitung der Massen –, der jedoch an der Verschuldung der Bauern, an Korruption und illegaler Verwendung von Saatgut, Düngemitteln und Insektiziden und am Widerstand der großen, politisch einflußreichen Landbesitzer scheiterte. Haß und Auflehnung der kleinen Bauern und Landlosen gegen die Hinhaltetaktik der Mächtigen führten bald zu illegalen Landbesetzungen und heftigen Spannungen, die im kommunistischen Putschversuch von 1965, der Machtübernahme durch das Militär und schließlich in Sukarnos Entmachtung und Sturz gipfelten.

Technokratische Konzepte

Das neue, von Präsident Suharto geleitete Regime wandte sich von der Landwirtschaftspolitik seiner Vorgänger ab. Für die neuen Machthaber standen nicht mehr Land- und Sozialreform im Brennpunkt des Wiederaufbaus. Vielmehr sollte eine landwirtschaftliche Entwicklung nach rein ökonomischen und technokratischen Prinzipien und Konzepten die Nation an ihr Ziel heranführen: den Bedarf an Reis selbst zu decken und nicht länger auf Importe aus dem Ausland angewiesen zu sein. Die politische und die soziale Frage blieben in den Köpfen der nunmehr Verantwortlichen ausgeklammert.

In den traditionellen Gebieten des Naßreisbaus, in denen mit 700 und mehr Bewohnern pro Quadratkilometer sehr hohe Bevölkerungskonzentrationen zu verzeichnen waren, hatte man die Ertragsgrenzen im Reisbau erreicht: An eine Verbesserung der Situation durch eine Erweiterung der Anbauflächen war nicht mehr zu denken. Und so sah man zunächst nur in der Verbesserung der Produktionstechnik einen Ausweg, mehr Reis zu produzieren. Dabei sollten die überlieferten Wirtschaftsstrukturen allmählich verändert und denen der modernen Industriestaaten angepaßt werden. So lagen unter anderem die entwicklungspolitischen Schwerpunkte des ersten Fünfjahresplans besonders auf der technokratisch und wirtschaftlich konzipierten Entwicklung der Landwirtschaft – zur Steigerung der Reisproduktion und exportfähiger Kulturen.

Chemie aus der Luft

Der Regierung Suharto ging es vor allen Dingen darum, den schnellwüchsigen IRRI-Sorten zum Durchbruch zu verhelfen, um die Flächenproduktivität zu erhöhen. Mit umfangreichen staatlichen Förderungsmaßnahmen sollten neues Saatgut eingeführt, die dafür notwendigen Düngemittel und Insektizide bereitgestellt und flankierende Maßnahmen in Form von landwirtschaftlicher Beratung, Kreditvergaben sowie Instandsetzung und Verbesserung der Bewässerungsanlagen getroffen werden. Doch hatten weder

Chemische Schädlingsbekämpfung

die Regierung noch die Bauern das Geld, um das Saatgut- und Chemiepaket zu finanzieren, das notwendig war für den Erfolg der "Grünen Revolution". Ausländische Industriekonzerne wurden eingeladen, zu günstigen Bedingungen in Indonesien zu investieren und unter Regierungskontrakt die Verteilung von Industriedünger, Insektengiften, Pflanzenschutzmitteln und Saatgut zu garantieren; ihnen oblag die Vorfinanzierung aufgrund von Krediten und die Durchführung der gesamten Projekte.

Bereits im Jahre 1967 erging eine Einladung an den Basler Chemiekonzern CIBA-Geigy, den zur Mitarbeit bereiten Bauern mit Kapital und Wissen zu helfen, ihre Erträge durch den Anbau hochleistungsfähiger Varietäten – IR 5 und IR 8 – zu steigern. Die Reisbauern erhielten im Rahmen des sogenannten "Bimas Gotong Royong-Programms" von CIBA-Geigy auf Kredit ein Paket aus Saatgut, Kunstdünger und Insektiziden. Im ersten Jahr, der Anbausaison 1967/68, war dem Projekt kein Erfolg beschieden, wurden doch nur durchschnittlich 60 Prozent der erwarteten Erträge erzielt. Die indonesische Regierung bezahlte CIBA-Geigy rund 8 Millionen US-Dollar aus eigenen Mitteln zurück. Viele der persönlich betroffenen Bauern entwickelten eine ablehnende Haltung den Hochleistungssorten gegenüber.

Nichtsdestotrotz setzte die Regierung das Projekt in der folgenden Reissaison fort – und erweiterte es sogar, indem sie mit Hoechst, Mitsubishi und Coopa weitere Großkonzerne auf den Plan rief. Das Anbaugebiet wurde im Vergleich zur ersten Saison verdreifacht, doch blieben die Erträge wiederum hinter den Erwartungen zurück und brachten erneut einen Verlust von rund 10 Millionen US-Dollar. Die Bauern hatten zwar Saatgut, Pestizide und auch Werkzeuge erhalten, mußten aber dafür ein Sechstel ihrer oft mageren Ernten abliefern oder – bei mangelnden Naturallieferungen – eine geschätzte Summe zur Tilgung des Kredites zahlen. Erhöhte Verschuldung, Engpässe in der Düngemittelversorgung und entsprechend niedrige Erträge, vor allem aber ein – bei erhöhtem Arbeitsaufwand – unbefriedigender Marktpreis für den neuen Reis führten zu zunehmender Verärgerung über ein Regierungsprogramm, das die Entwicklung weiterhin von oben organisierte, ohne die Bauern einzubeziehen.

Zur Verärgerung gesellte sich die Angst vor der ökologischen Bedrohung, die das von CIBA-Geigy entwickelte *aerial spraying* für Bewohner, Vieh und Fischbestände darstellte: Um die Flächen erfolgreich mit Pestiziden besprühen zu können, hatte der Chemiekonzern die Technik der Schädlingsbekämpfung aus der Luft mit Hilfe von Flugzeugen entwickelt. Um jedoch die Schädlingsbekämpfungsmittel verteilen zu können, mußten erst große, homogene Flächen geschaffen werden. Die Bauern wurden aufgefordert oder aber gezwungen, sich dem Programm der Schädlingsbekämpfung anzuschließen und auf großen Flächen die gleiche Reissorte anzupflanzen. Die kleinste erlaubte Fläche betrug 50 Hektar, durfte keine über neun Meter hohen Bäume aufweisen und mußte genügend weit von den Siedlungen entfernt liegen.

Heftige Kritik und ein immer stärkerer Widerstand der Bauern führten im Mai 1970 dazu, daß die Regierung die Zusammenarbeit mit den ausländischen Konzernen einstellte, die Verträge mit den Firmen auflöste und die Verluste übernahm. Aufgrund der wiederholten Rückschläge sah sich die Regierung nun gezwungen, das Programm zu revidieren. 1971 wurde ein neues, das "Nationale Bimas-Programm" lanciert, in dessen Rahmen die indonesische Regierung die Verteilung von Dünger und Insektiziden in eigener Regie und über die normalen Marktkanäle vornahm. Barkredite wurden von der Bank Rakyat Indonesia für die Dauer von sieben Monaten gewährt: Die Bauern waren von nun an selbst verantwortlich für die rechtzeitige Rückzahlung, staatlich garantierte Aufschubmöglichkeiten gab es nicht mehr. Als Sicherheit verlangte die Bank Landeigentumszertifikate, die erst bei vollständiger Tilgung zurückgegeben wurden.

Strukturwandel

Trotz aller Revisionen blieb auch das neue Programm in seinen wirtschaftlich-technokratischen Grundzügen unverändert. Soziale Fragen blieben ungestellt, obwohl sich die Unterschiede zwischen Arm und Reich vergrößert hatten und durch den dramatischen Wandel der Arbeitsverfassungen und Erntetechniken eine starke Benachteiligung der Landlosen – und besonders der Frauen – entstanden war.

In Indonesien zeigte sich wieder einmal, daß es die reichen Bauern waren, die weitreichende Vorteile aus der neuen Technologie ziehen konnten. Nur wer überdurchschnittlich gut mit Kapital und Ressourcen ausgestattet war und leichten Zugang zu kontrollierter Bewässerung und Schädlingsbekämpfung hatte, profitierte von den neuen Produktionsmitteln. Die neuen, schnellwüchsigen Sorten waren eben nicht aus sich selbst heraus ertragreich, sondern erforderten eine ausreichende Bewässerung und einen erhöhten Einsatz von Dünge- und Pflanzenschutzmitteln, die zu kaufen und sachgerecht anzuwenden die Finanzkraft und das Knowhow der kleinbäuerlichen Bevölkerung oft überstieg. Die ohnehin auf Sicherheit und Regelmäßigkeit und nicht auf eine risikoreiche Steigerung des Ertrags ausgerichteten Bauern investierten zwar im Rahmen ihrer eng gesteckten Möglichkeiten und verschuldeten sich dabei nicht selten – der "Wunderreis" aber brachte ihnen infolge fehlender Pestizide geringere Erträge als die traditionellen Sorten früherer Jahre.

Benachteiligend für die Kleinbauern wirkte sich weiterhin aus, daß der staatliche Beratungsdienst und die ihn unterstützenden ausländischen Entwicklungsexperten die wirtschaftlich und politisch potenten Großbauern in ihrem Bemühen um einen raschen Erfolg der "Grünen Revolution" bevorzugten. Agrarberatung war zu diesem Zeitpunkt auch in Indonesien noch ein Instrument zur Beseitigung angeblich veralteter Agrarkulturen, zur Zerstörung der Subsistenzwirtschaften und der bäuerlichen Tradition durch Wissenschaft und Verwaltung. Die wirtschaftliche Belastung der Kleinbauern führte allerdings in vielen Fällen dazu, daß die Impulse zu weiteren Produktionssteigerungen nur ungenügend oder überhaupt nicht wahrgenommen wurden.

Großbauern und städtische Landbesitzer konnten größere Sicherheit bieten und fanden so erheblich leichteren Zugang zu Krediten, Bewässerungsprojekten und knappen Gütern, bei deren Verteilung sie bevorzugt wurden. Aufgrund ihrer finanziellen Reserven konnten sie mit dem Verkauf ihrer Ware warten, bis die Preise stiegen, während die oft verschuldeten Kleinbauern unmittelbar nach der Ernte – dem Zeitpunkt des niedrigsten Preisniveaus – zum Verkauf ihres eigenen Reises gezwungen waren. Bis zur nächsten Ernte mußte dann billiger und weniger nahrhafter Reis für den täglichen Bedarf zu höheren Preisen auf dem Markt gekauft werden.

Dramatische und folgenschwere Veränderungen der Produktionsbeziehungen, Arbeitsverfassungen und Erntetechniken hatten im Zuge der "Grünen Revolution" besonders auf Java zu Arbeitslosigkeit, Proletarisierung und Landflucht geführt. Ein Drittel der ländlichen Bevölkerung war hier existentiell auf saisonale landwirtschaftliche Arbeiten angewiesen, half beim Verpflanzen des Reises oder der Ernte und erhielt einen Lohn in Form einer Erntebeteiligung. Die Reisernte hatte für die Bauern einen besonderen symbolischen Wert, war ihre Beteiligung beim Ernten über viele Generationen hinweg doch gleichbedeutend mit ihrem Überleben. Grundlage der traditionellen, *bawon* genannten Arbeitsorganisation und der überlieferten Erntepraktiken war die *adat*-rechtliche Verpflichtung jedes Landbesitzers, den ärmeren Mitbürgern auf Gemeindeebene zu helfen, und sein Recht, dafür von ihnen Hilfeleistungen zu erwarten – *adat* meint im indonesischen Sprachgebrauch ein Gewohnheitsrecht göttlicher Legitimation. Es war das Vorrecht der gesamten Dorfbevölkerung, an der Ernte teilnehmen zu können und dafür Ernteanteile zu beanspruchen. Da meist die Frauen ernteten, arbeiteten selbst auf kleinen Parzellen mitunter bis zu 100 Frauen.

Das auf engen Sozialbeziehungen innerhalb der Gemeinden beruhende Erntesystem wurde nun von den Landbesitzern, die immer individualistischer und kommerzieller zu denken begannen, aufgegeben. Um die von der Tradition geforderten Naturalabgaben an die Schnitterinnen und Schnitter einzusparen, gingen vor allem die javanischen Landbesitzer zu neuen Erntepraktiken und Formen der Arbeitsrekrutierung über: Entweder stellten sie direkt billige Arbeitskräfte ein (*kedokan*-System) oder aber verkauften den noch auf dem Feld befindlichen Reis bereits vor der Ernte an auswärtige Händler, die den Schnitt in der Folge mit einer möglichst kleinen Zahl von Kontraktarbeitern (*tebasan*-System) besorgten. Das dritte gebräuchliche Rekrutierungssystem kommt ohne Mittler aus: Der Landbesitzer selbst verpflichtet vertraglich eine Gruppe von Erntearbeitern, die er persönlich überwacht und bezahlt. Gemeinsam ist allen drei Systemen, daß die Lohnarbeit zur dominanten Form der Arbeitsbeziehungen geworden ist und die Landbesitzer die Arbeiter nach dem Gesetz von Angebot und Nachfrage auf dem Arbeitsmarkt bezahlen.

Die drastische Verringerung der Zahl der Erntenden war erst mit der Einführung der neuen, kurzstrohigen Reissorten möglich geworden, die nicht mit dem Erntemesser, sondern mit der Sichel geschnitten wurden. Durch diese auf den ersten Blick nur geringfügige

Änderung aber sind die Beschäftigungsmöglichkeiten in den ohnehin stark übervölkerten Regionen Javas drastisch zurückgegangen – allein zwischen 1970 und 1975 sollen hier über eine Million Menschen arbeitslos geworden sein. Betroffen waren vor allem die Frauen, die nun keine Arbeit mehr fanden und eine wichtige Einkommensquelle verloren. Verschlimmert wurde diese Einbuße durch den Umstand, daß Reismühlen das Entspelzen übernahmen – eine Arbeit, die den Frauen früher ebenfalls Reisanteile eingebracht hatte.

Auch in den übrigen Reiskammern Indonesiens blieb der technische Wandel nicht ohne soziale Folgen. So hatten sich auch in Lombok im Zusammenhang mit der Einführung neuer Erntepraktiken starke soziale Veränderungen ergeben. Auch hier war die traditionelle Reisernte mit dem kleinen Reismesser eine äußerst arbeitsintensive Tätigkeit gewesen, bei der große Gruppen von Erntenden auf den Feldern arbeiteten, und bei der alle, die teilnehmen wollten, mittun durften. Auch hier waren es vorwiegend die Frauen, die mit ihrer Arbeit einen Anteil des Schnitts – rund 4 bis 5 Kilogramm am Tag – einbrachten und so dafür sorgten, daß zumindest während der Erntezeit niemand hungrig zu sein brauchte. Hatte die Einführung der Sichel bereits in Java zu Unterbeschäftigung und Arbeitslosigkeit geführt, so reduzierte sie auch auf der östlich an Java und Bali angrenzenden Insel Lombok die Beschäftigungsmöglichkeiten bei der Ernte um 60 Prozent. Das Dreschen des Reises erfolgte nunmehr direkt auf dem Feld, kurz vor dem Abtransport der in Säcke verpackten Ware in die Reismühlen.

Die Technologie der "Grünen Revolution" wurde von den Landbesitzern, die nicht länger auf hinderliche *adat*-rechtliche Bestimmungen und religiöse Gefühle Rücksicht nehmen wollten, schnell und enthusiastisch akzeptiert. Sie konnten nun das exklusive Recht, ihre Felder abzuernten, an kleine Gruppen von zehn bis zwölf Erntearbeitern abtreten. Damit erhielten zwar einige wenige Männer Arbeit – viele verloren jedoch eine lebensnotwendige Erwerbsmöglichkeit, vor allem die Frauen und ihre Familien, denen nun vielfach nicht einmal mehr das traditionelle Recht zur Nachlese zugestanden wurde.

Agrarkultur oder Landwirtschaft

Abschied vom Erntemesser und die Einführung der Sichel bedeuten auf symbolischer Ebene einen Übergang vom subsistenzorientierten, agrarkulturellen zum landwirtschaftlichen Denken und Handeln. Das traditionelle Erfahrungs- und Existenzwissen der Kleinbauern war von der herrschenden Klasse Indonesiens mit Unterstützung der Wissenschaft und der westlichen Entwicklungsphilosophie für rückständig und veraltet erklärt worden. Aus dem Respekt für die beseelte Reispflanze wurde der seelenlose Umgang mit einer Marktware.

Der subsistenzorientierte Mensch mit dem Erntemesser war an einem möglichst optimalen Gebrauch seiner lokalen Nutzpflanzen interessiert, die er, ohne sich auf Produktionsrisiken einzulassen, möglichst regelmäßig und in ausreichenden Mengen ernten wollte. Der Mensch mit der Sichel ließ eine Weltwirtschaftspflanze ernten, die er unter Einsatz von Genetik, Technik und Chemie mit dem Ziel einer Ertragsmaximierung und möglichst hoher Überschüsse und Gewinne anpflanzte. Der traditionelle Bauer – selbstgenügsam und verzichtbereit – dachte an den kollektiven Nutzen für seine Familie und die Gemeinschaft. Zum Erfahrungsschatz seiner Agrarkultur gehörten untrennbar die religiösen Glaubensvorstellungen und die rituelle Technologie zur Förderung von

Wachstum und Fruchtbarkeit. Traditionelle Kenntnisse über die Nutzung natürlicher Kreisläufe ermöglichten ihm einen schonungsvollen Umgang mit der Natur – seinem Lebensreservoir. Sein Wert- und Normensystem hatte die Erhaltung und Sicherung von Mensch und Natur betont und deren Überleben jahrhundertelang gewährleistet.

Der Landbesitzer mit der Sichel hatte höhere Ansprüche und war bereit, für seine Ziele unter den Bedingungen eines harten Wettbewerbs mehr zu leisten. Dabei wurde er von überregionalen Entscheidungen abhängig, von einer Landwirtschaft, die sich als nationaler Wirtschaftssektor verstand und andere Prioritäten setzte als die kleinräumigere Agrarkultur. Das selbstgenügsame und selbstbestimmte Subsistenzsystem wurde ersetzt durch ein von außen abhängiges und kontrolliertes monetäres Marktsystem. Wer über den Einsatz der Sichel gebot, lief Gefahr, seine kulturelle Identität, die ihm als Subsistenzbauer noch gewiß war, zu verleugnen und schließlich zu verlieren – und mit ihm die, die für ihn arbeiteten. Zu den Fundamenten dieser kulturellen Identität gehörten entscheidende indonesische Werte, Rechtsvorstellungen und Bräuche, die alle auf Solidarität, gegenseitige Hilfe und die Abschwächung sozialer Gegensätze ausgerichtet waren und deren Bestand nun ernsthaft gefährdet war.

Die Krisenanfälligkeit der neuen Reissorten

Wer das Saatgut- und Chemiepaket der "Grünen Revolution" kontrollierte, kontrollierte gleichzeitig die landwirtschaftliche Entwicklung. Er bestimmte, welche Arten mit welchen Kulturmethoden angebaut wurden, und legte fest, wo und wie die Erzeugnisse verwendet werden mußten. Der indonesische Staat hatte auch in der Phase des zweiten Fünfjahresplans eine Landwirtschaftspolitik von oben betrieben und damit besonders die Kleinbauern in eine Abhängigkeit und Entscheidungsohnmacht getrieben, die in Form von sozialen Kosten immer stärker zu Buch schlugen. Die Bauern hatten überdies jede direkte Mitwirkung bei Auswahl und Züchtung des Reises verloren. Ihre Appelle an die Züchter, ihnen endlich zu stabileren, haltbaren Sorten zu verhelfen, verhallten ungehört. So mußte in kurzen Abständen bei den staatlichen Kooperativen immer wieder neues Saatgut gekauft werden. Viele ärmere Bauern konnten sich dies nicht leisten, reagierten mit Apathie, Innovationsunlust und Feindseligkeit und bremsten so die Programme der Regierung.

Das für 1975 angestrebte Ziel, den jährlich wachsenden Grundnahrungsmittelbedarf der Bevölkerung im Lande selbst zu decken, konnte auf diesem Wege nicht erreicht werden. Obwohl die Produktion bis 1976 verdoppelt wurde, lag Indonesien mit 1,9 Tonnen geschältem Reis pro Hektar nach wie vor weit hinter Japan, Süd-Korea und Taiwan und mußte weiterhin vergleichsweise große Mengen an Reis importieren. Die Nahrungsproduktion war zwar – absolut betrachtet – deutlich gestiegen, doch zeigten sich bei einer Bilanzierung immer neue und gravierende Hemmnisse: Arbeitslosigkeit, wachsende soziale Klassenunterschiede, Benachteiligung der Frauen, Unzufriedenheit der Teilpächter und Landlosen, ökologische Bedrohungen, durchlöcherte traditionelle Institutionen gegenseitiger Hilfe und abnehmende Attraktivität ländlicher Gebiete, verbunden mit Landflucht.

Verschiedene Rückschläge infolge klimatisch ungünstiger Wetterlagen und unerwartet starken Schädlingsbefalls durch die Braune Zwergzikade hatten darüber hinaus zu Ernteausfällen und Versorgungsengpässen geführt, die nur durch ein Eingreifen der staatlichen Vorratsstelle und durch massive Reiseinkäufe zu hohen Preisen im Ausland beseitigt werden konnten. So wurden allein im Jahre 1977 über 2 Millionen Tonnen Reis zerstört, genug, um 6 Millionen Menschen ein Jahr lang zu ernähren. Die neue Züchtung IR 36 weckte zunächst große Hoffnungen in bezug auf Resistenz und Geschmack, doch auch sie wurde 1981 durch starke Verluste betroffen, die von der Grünen Reiszikade verursacht worden waren. Als Antwort auf den neuen Rückschlag wurden wiederum neue, resistentere Varietäten – IR 50, 52 und 54 – auf den Markt gebracht, die schließlich zu einer Abnahme der Bedrohung durch Insektenbefall führten. Trotz allem hatten die wiederholten Einbrüche mit brutaler Schärfe die Krisenanfälligkeit der seit 1967/68 eingeführten, hochgezüchteten Reisvarietäten aufgezeigt.

Lernprozesse

Allmählich begann sich die Einsicht durchzusetzen, daß landwirtschaftliche Entwicklung mehr sein könnte als lediglich eine Frage erhöhter Produktivität. Das Risiko war zu groß, sich bei den Planungen fast ausschließlich auf die Reiszüchter zu verlassen und nicht mehr als eine Gnadenfrist bis zur nächsten Krise zu haben. Bei den betrieblichen Produktionszielen wurden nunmehr Interessen erkannt und anerkannt, die nicht länger mit Produktionsmaximierung zu tun hatten, sondern im Gegenteil mit der bloßen Befriedigung des Substistenzbedarfs und der Versorgung lokaler oder regionaler Märkte. Die Zeit war gekommen, Produktivität, Verläßlichkeit und Anpassungsfähigkeit von Subsistenzsystemen neu zu überdenken. Faktoren wie Stabilität und Sicherheit, Haltbarkeit und Gleichmäßigkeit in der Verteilung der Produktionsmittel und der Arbeit begannen in den Vordergrund zu treten. Das traditionelle Wissen der Bauern wurde wiederentdeckt, und man erkannte, daß Subsistenzwirtschaften rücksichtsvoll waren im Umgang mit der Natur. Subsistenzbewußte Gesellschaften hatten flexible und anpassungsfähige Strategien des Lebens und der Nahrungsversorgung anzubieten und veränderten zudem die ökologische und kulturelle Umwelt innerhalb erträglicher Grenzen.

Indonesien war bereit, Lehren aus der Geschichte seiner landwirtschaftlichen Entwicklung zu ziehen, nachdem die Regierung Suharto erkannt hatte, daß nur landwirtschaftliche Programme Erfolg haben konnten, an denen die Bauern selbst aktiv beteiligt wurden. Vor allem galt es, die unzähligen Kleinbauern wieder entscheidungs- und handlungsfähig zu machen, ihnen den Zugang zu Krediten zu erleichtern, sie selbständig über Produktionsfaktoren, Boden, Arbeitskräfte, Technologie und Planung befinden zu lassen. Wo allerdings Kapital, Boden und Technologie fremdbestimmt waren, war ein solches Programm nur schwer zu verwirklichen.

Immerhin tat die Regierung nun einiges für ihre neue landwirtschaftliche Strategie, stellte staatliche Kreditmittel für Investitions- und Produktionszwecke zur Verfügung, baute Be- und Entwässerungsstrukturen aus, entwarf Schulungsprogramme für bäuerliche Produzenten, ließ landwirtschaftliche Genossenschaften gründen und traf Preisstützungsmaßnahmen für neue, lokal angepaßtere und schmackhaftere Reissorten mit besserer Resistenz. Diese umsichtigere Politik wurde zudem nicht länger in den städtischen Planungsbüros praktiziert, sondern dort, wo über Erfolg oder Mißerfolg eines Projekts entschieden wurde – auf den Feldern von Millionen kleiner und kleinster Bauern, in den kleinen Familienbetrieben, die gezielt aktiviert wurden. Von außerordentlicher Wichtigkeit war, daß auf Dorfebene auch außerhalb der Reiswirtschaft – vor allem im Kleingewerbe – Ausbildungs- und Arbeitsmöglichkeiten geschaffen wurden, die trotz eines nach wie vor starken Einkommensgefälles zwischen Arm und Reich zu einer insgesamt etwas ausgeglicheneren Einkommensverteilung geführt haben.

Der Erfolg dieser Politik ließ nicht lange auf sich warten: War Indonesien während der siebziger Jahre noch größter Reisimporteur der Welt – 2 Millionen Tonnen mußten eingeführt werden –, so hatten vor allem die Produktionsanreize bei den Kleinbauern in den folgenden Jahren einen Ernteanstieg zur Folge, der im Jahre 1984 erstmals zu nationaler Selbstversorgung führte. Betrug die Produktion von geschältem Reis bis 1980 jährlich rund 17 Millionen Tonnen, so lag sie im Jahr 1984 bei 25,8 Millionen Tonnen.

Die FAO hat der indonesischen Regierung anläßlich des Welternährungstages 1987 ihre Glückwünsche übermittelt für die positive Rolle, die Indonesiens Kleinbauern bei der nationalen Entwicklung des Landes, besonders aber bei der integrierten ländlichen Entwicklung und der intensivierten landwirtschaftlichen Produktion eingenommen haben. Für die FAO sei dies "ein Beispiel für den Rest der Welt". Nach Ansicht der Spezialisten liegt der Hauptgrund für Indonesiens Erfolg in einer konzentrierten Agrarpolitik, die von der Einsicht geprägt sei, daß die Kleinbauern eine entscheidende Rolle spielten, sie infolgedessen an der Gestaltung der Landwirtschaftsprogramme beteiligt wurden und von wichtigen Betriebsmitteln und anderen Unterstützungsmaßnahmen profitieren konnten. Insbesondere denjenigen 8,7 Millionen – von insgesamt 19 Millionen – bäuerlichen Haushalten, die über eine Landfläche von weniger als 0,5 Hektar verfügten, wurden gezielte Hilfeleistungen angeboten, die zu einer Aktivierung und damit zu einer Produktionssteigerung im Reisanbau führten.

Schwierigkeiten

Der Erfolg der neuen indonesischen Landwirtschaftspolitik stellte sich in einem Ausmaß und mit einer Geschwindigkeit ein, die das Land innerhalb kurzer Zeit mit völlig neuen Problemen konfrontierten. Unerwartete Lager- und Preisprobleme entstanden, die Millionen von Bauern zwangen, ihren Reis unterhalb des Regierungspreises zu verkaufen. Indonesien stand vor seiner ersten "glücklichen Reiskrise", die ihre Ursachen nicht in einer Unter-, sondern einer Überproduktion hatte, die aufgrund mangelnder Lagerkapazitäten exportiert werden mußte. So hatte die staatliche Logistikbehörde BULOG 1986 durch den Billigverkauf von rund 600 000 Tonnen Reis nach Vietnam, Bangladesh und an die Philippinen insgesamt Verluste von rund 48,5 Millionen US-Dollar zu verkraften. Diese Verluste ergaben sich in erster Linie aus der Differenz zwischen den niedrigen Weltmarktpreisen und den staatlich gestützten indonesischen Ankaufspreisen.

Nach Berechnungen des indonesischen Landwirtschaftsministeriums wird die Reisproduktion von 1985 bis 1990 nur noch ein verlangsamtes Wachstum von durchschnittlich 2,5 Prozent jährlich aufweisen. Das staatliche Reisbauprogramm wäre jedoch auf ein Wachstum von jährlich 3,5 Prozent angewiesen. Während außerhalb von Java Wachstumsraten von bis zu 6 Prozent zu verzeichnen sind, ist in der Reiskammer Java selbst die für den Reisanbau geeignete Landreserve erschöpft; auch die Ertragsintensität hat ihre obere Grenze erreicht. Fachleute der Weltbank zeigen sich besorgt über die Perspektiven des Leistungsabfalls im Hinblick auf die durch die Verluste bei den Öleinnahmen betroffene Gesamtwirtschaft und besonders auf die Beschäftigungslage im ländlichen Sektor, die zu Massenabwanderungen arbeitsloser Landbewohner in die Städte und sozialen Unruhen führen könnten. Die Weltbank empfiehlt der indonesischen Regierung ein allmähliches Zurückschneiden der Subventionen für Fabrikdünger und Pestizide, die "zu einem verschwenderischen Einsatz von Chemikalien geführt haben". 1987 hat die indonesische Regierung daraufhin 57 Pestizide verboten, weil sie "mehr Schaden als Nutzen" anrichten. Weiter empfiehlt die Weltbank eine Diversifizierung der Agrarproduktion, nachdem der Reisbau seinen Höhepunkt erreicht habe und es nun darum gehe, die Verletzlichkeit der Bauern und die Gefahr kostspieliger Rückschläge, die Monokulturen mit sich bringen, zu reduzieren. Interessant bleibt die weitere Entwicklung des Weizengeschäfts, nachdem auch in Indonesien Weizenprodukte und insbesondere Weißbrot immer mehr zur Prestigenahrung der Vermögenderen werden.

Entwicklungsprognosen für das Jahr 2000

Im Jahr 1984, dem ersten der nationalen Selbstversorgung, produzierten die sogenannten Rand- oder Außeninseln Sumatra, Kalimantan und Sulawesi gemeinsam mit dem westlichen Teil Neuguineas, Irian Jaya, bereits rund ein Viertel der erhöhten Reisproduktion Indonesiens. W.C. Beets, ein prominenter Kenner der indonesischen Landwirtschaft, hatte bereits 1981 eine Entwicklung vorausgesehen, nach der im Jahre 2000 in Indonesien ein duales Landwirtschaftssystem vorherrsche, in dem einerseits auf den fruchtbaren, dünn besiedelten Außeninseln eine großräumige Reisproduktion betrieben werde, und andererseits auf den dicht besiedelten Inneninseln Java, Madura, Bali und Lombok eine Subsistenzwirtschaft mit niedrigem Kommerzialisierungsgrad auf kleinen Grundstücken den Landbau präge. Von 210 Millionen Einwohnern würden 120 Millionen ihre tägliche Nahrung von diesen kleinen, effizienten Subsistenzbetrieben beziehen, die mit vorwiegend traditionellen Produktionsmitteln, wenig Mechanisierung und arbeitsintensivem Bodenbau für den Eigenbedarf und Märkte geringer Reichweite Grundnahrungsmittel produzieren.

Würden sich diese Prognosen bewahrheiten – und alle Anzeichen sprechen dafür –, dann wäre die Rückbesinnung der Balinesen auf ihre ganzheitliche Agrarkultur keine kurzfristige nostalgische Kehrtwendung, sondern weise Voraussicht im Hinblick auf die Zukunft. Während jedoch in den traditionellen Zentren des Naßreisbaus eine Intensivierung des Anbaus nur noch von einer weiteren Aktivierung der Bauern und der Versorgung lokaler und regionaler Märkte zu erwarten ist, wird sich die indonesische Regierung in den kommenden Jahren der brisanten und hindernisreichen Herausforderung stellen müssen, die Landbaugebiete mit permanenter Kultivierung auf den Außeninseln auszudehnen und diese Gebiete mit geeigneten Arbeitskräften zu besiedeln.

Umsiedlungspolitik

Der indonesische Staat versucht seit den ersten Tagen seiner Unabhängigkeit Teile der Bevölkerung von den stark besiedelten Inseln des Landes in die weniger bevölkerten Gebiete zu überführen, um damit demographische und wirtschaftliche Probleme zu lösen, die weniger mit der aktuellen Größe der Bevölkerung – wie etwa in Indien – zusammenhängen, sondern vielmehr mit ihrer für Indonesien ungünstigen Verteilung. So lebten im Jahre 1976 von insgesamt 132 Millionen Menschen – Indonesien ist demographisch das fünftgrößte Land der Welt – rund 65 Prozent auf 7 Prozent des Landgebiets: auf Java und Madura. Die drei großen Inseln Sumatra, Sulawesi und Kalimantan als indonesischer Teil der Insel Borneo waren zusammen mit Irian Jaya, dem indonesischen Teil Neuguineas, mit nur 30 Prozent der Gesamtbevölkerung relativ dünn besiedelt.

Galten die Umsiedlungsprogramme zunächst allein der Verminderung des Bevölkerungsdrucks auf Java, so wurden sie mit dem ersten Fünfjahresplan der Regierung Suharto in den viel breiteren Zusammenhang der regionalen und insbesondere der landwirtschaftlichen Entwicklung der übrigen Inseln und Provinzen gestellt, die nun von zentraler Bedeutung für die nationale Entwicklung insgesamt wurde. Das demographische Argument für die organisierte Umsiedlung wurde also durch ein wirtschaftliches ersetzt, nachdem sich gezeigt hatte, daß die demographischen Quoten weit unter den Erwartungen geblieben waren und zwischen 1950 und 1969 nicht 100 Millionen Menschen, sondern lediglich 424 380 umgesiedelt waren. Die Umsiedlung blieb demnach praktisch ohne Auswirkungen auf das Übervölkerungsproblem Javas, Maduras und Balis.

Im Jahre 1972 wurde mit der Ratifizierung des *Basic Transmigration Act* erstmalig eine grundlegende Gesetzgebung für die Ausweitung der Umsiedlungsprogramme geschaffen, die es erlaubte, Siedlungen auf lange Zeit hinaus zu errichten, und die darüber hinaus versuchte, Ordnung in bezug auf ungelöste Landansprüche zu schaffen. Auch in dem sich anschließenden zweiten Fünfjahresplan von 1974 bis 1979 wurde deutlich, daß die Umsiedlung unverändert als wichtiger Teil der nationalen Entwicklungspolitik angesehen wurde. Sie war nun unverkennbar als ländliches Entwicklungs- und Landbesiedlungsprogramm konzipiert – mit dem Ziel, das landwirtschaftliche Potential wenig bevölkerter Gebiete zu nutzen durch eine Umsiedlung der Arbeitskräfte, die für die angestrebte landwirtschaftliche Expansion notwendig waren. So sind nach indonesischen Angaben bis 1986 insgesamt 4,3 Millionen Menschen von den dicht besiedelten Inneninseln auf die weniger bevölkerten Außeninseln gelangt. Viele von ihnen sind zunächst mit ungelösten Landansprüchen fremder Bevölkerungsgruppen, unbekannten Bodenverhältnissen und Landnutzungsmethoden sowie Anpassungsproblemen in bezug auf Gesundheit, Sprache und Sitten konfrontiert worden.

Ethnische Probleme

Seit der Ratifizierung des *Basic Transmigration Act* von 1972 herrschte zwar größere Transparenz in bezug auf die Prozesse des Landerwerbs und der traditionellen Landansprüche. Projektland mußte nun erst von allen Ansprüchen frei sein, ehe es für die Gründung neuer Siedlungen verwendet werden durfte. Die Anlage dieser Siedlungen wurde sorgfältiger vorbereitet, und die Bauern erhielten weitergehende Informationen bezüglich der effektiven Größe ihres Landstücks – zugesagt waren 2 Hektar für eine Familie von durchschnittlich fünf Personen –, die Qualität der Böden und den Wasserhaushalt.

Die schwierigen Assimilationsprozesse zwischen Neusiedlern und Einheimischen ließen sich hingegen nicht auf dem Gesetzeswege regeln. Zwar zielte das Umsiedlungsprogramm ideologisch auf "die Integration aller ethnischen und religiösen Gruppen in den nationalen Hauptstrom" ab, in Wirklichkeit aber verkannte oder mißachtete man damit die Bedeutung agrarkultureller Unterschiede zwischen den einheimischen Wanderfeldbauern und den umsiedelnden Naßreisfeldbauern, ihre unterschiedlichen Weltbilder und Einstellungen zu Natur und Boden, ihr Brauchtum und ihre täglichen Lebenspraktiken. So erhielten viele Umsiedlungssdörfer den Charakter von Enklaven, die getrennt von den alten Siedlungen der einheimischen Ethnien ein Eigenleben führten.

Eine zentrale Erwartung der Regierung hatte sich also nicht erfüllt: Die balinesischen und javanischen Naßreisfeldbauern machten die Wanderfeldbauern nicht zu seßhaften Landbauern. Ein solcher Umerziehungsprozeß war unmöglich in Gebieten, in denen man den Naßreisbau als einzige Form des seßhaften Anbaus propagierte, die jedoch für die Bewässerung ungeeignet waren. Hier hatten die Wanderfeldbauern von Anfang an "Heimvorteil", sie besaßen die angepaßtere Wirtschaftsform und waren den Neusiedlern infolgedessen überlegen. Wo jedoch eine Neuansiedlung wirtschaftlich aufblühte, kehrten die Auswanderer schnell zu ihren eigenen Traditionen, Riten und Festen zurück, was eine Assimilation von Neusiedlern und traditionellen Bevölkerungsgruppen zusätzlich erschwerte.

Seit geraumer Zeit wird die Umsiedlungspolitik Indonesiens – besonders die Umsiedlung großer Gruppen javanischer Muslime nach Irian Jaya – von verschiedenen internationalen humanitären Organisationen als Politik der Kolonisierung ethnischer Minoritäten kritisiert, die die Menschenrechte verletze und zudem für die Zerstörung der Umwelt verantwortlich sei, da die Neusiedler infolge ihrer Unkenntnis des Waldes und unsachgemäßer Rodung Waldbestände vernichteten. Gefordert wird die Einstellung der Finanzierung, doch wird die Weltbank, die bis 1986 598 Millionen US-Dollar bereit gestellt hat, die Finanzierung des Programms verlängern, nachdem die indonesische Regierung zugesagt hat, ihr großangelegtes Vorhaben, in den nächsten Jahren mehrere Millionen Menschen umzusiedeln, auf ein realistisches Maß einzuschränken. Damit sollen vor allen Dingen Umweltschäden vermieden werden, die die beweglich und damit erfolgreich gewordene Landwirtschaftspolitik Indonesiens gefährden könnten.

Der Weltmarkt

In den sogenannten Entwicklungsländern mit dem größten Produktionsanteil vermochte der Reisbau mit der stark anwachsenden Bevölkerung oft nicht Schritt zu halten. Die Reisproduktion ist in vielen dieser Länder fast ausschließlich für den Eigenbedarf bestimmt. Nur etwa 5 Prozent der Weltproduktion gelangen auf den Weltmarkt. Wichtigste Lieferanten von Reis für Europa sind heute die USA, Italien und Thailand.

Die politische und wirtschaftliche Bedeutung des internationalen Reishandels, dessen Anfänge auf die Mitte des 19. Jahrhunderts zurückgehen, ist allerdings viel größer gewesen, als es der kleine prozentuale Anteil an der Weltproduktion erahnen läßt, der auf den Weltmarkt gelangt. Reis ist das Grundnahrungsmittel der asiatischen Völker und infolgedessen von vitaler Bedeutung für Wirtschaft und Politik dieses Erdteils.

Die Begründung eines internationalen Reishandels war eine Folge wichtiger politischer Ereignisse und kam zunächst in erster Linie der europäischen Nachfrage für Reis entgegen. 1852 annektierten die Briten das Irrawaddy-Delta und öffneten Rangun für den Handel. Auch Reisexporte aus Thailand begannen nun stark anzusteigen. Sieben Jahre danach, im Jahre 1859, nahmen die Franzosen Saigon ein und ebneten damit den Weg für Reisexporte aus dem Mekong-Delta. In weniger als einem Jahrzehnt fielen in den Deltaländern alle Handelsrestriktionen: Birma, Thailand und Vietnam waren zum Zentrum des Reisexportmarktes für Europa geworden. Nach der Eröffnung des Suez-Kanals im Jahre 1869 sanken zudem die Kosten für Schiffstransporte, die Transportwege waren kürzer geworden, und es konnten infolgedessen vermehrt auch verderbliche Güter in die fernen Häfen Europas gesandt werden.

Während die Reisexportländer des südostasiatischen Festlandes in den siebziger Jahren des 19. Jahrhunderts noch 1,4 Millionen Tonnen jährlich nach Europa exportierten, waren es um die Jahrhundertwende bereits über 4 Millionen Tonnen.

Bis zum Zweiten Weltkrieg beschränkten sich die Regierungen der Exportländer darauf, die Infrastruktur zur Erhöhung der Reisproduktion auszubauen und

Reis: Exporte Birmas, Thailands und Süd-Vietnams nach Asien und in andere Weltteile (in 1 000 Tonnen)

	Birma		Thailand (Siam)		Süd-Vietnam (Cochinchina)		Gesamt			Gesamtexporte nach Asien (in Prozent)
	Asien	Andere	Asien	Andere	Asien	Andere	Asien	Andere	Gesamt	
1872–1881	204	703	161	37	292	23	657	763	1 420	46
1882–1891	281	814	268	61	459	37	1 008	912	1 920	52
1892–1901	783	862	519	53	482	164	1 784	1 079	2 868	62
1902–1911	1 277	1 134	855	99	572	221	2 704	1 454	4 158	65
1911–1914	2 391	1 566	564	137	639	228	3 594	1 931	5 525	65
1917/18–1928/29	3 530	1 057	814	104	1 019	230	5 363	1 391	6 754	79
1929/30–1936/37	4 265	1 443	1 143	220	782	517	6 190	2 180	8 370	74

Quelle: Barker, Randolph, Robert W. Herdt und Beth Rose: *The Rice Economy of Asia.* Washington 1985

Reis: Exporte ausgewählter Länder (in 1 000 Tonnen geschälten Reises)

	1934-36	1954-56	1959-61	1964-66	1969-71	1974-76	1978-80	jährliches Wachstum 1959/61 - 1978/80 (in Prozent)
Birma	3 118	1 654	1 668	1 281	664	345	535	-5,6
China	13	671	1 049	892	930	2 648	1 483	3,8
Pakistan	–	141	87	157	324	619	959	11,6
Thailand	1 558	1 266	1 290	1 763	1 221	1 289	2 383	2,9
Asien	8 892	4 087	3 778	4 981	4 445	5 456	6 826	2,0
USA	41	662	791	1 410	1 712	1 990	2 546	5,0
Andere [1]	607	834	869	1 140	1 610	1 542	2 046	4,7
Welt	9 540	5 583	5 439	7 531	7 767	8 988	11 418	4,0
Asiens Weltanteil (in Prozent)	93	73	69	66	57	61	60	–
Weltanteil der fünf führenden Exporteure (in Prozent)	50	79	68	73	62	77	70	–

Die genannten Zahlen sind Mittelwerte der jeweiligen drei Jahre.
1) Alle Reisexporte ausschließlich Asien und USA
Quelle: FAO (Hg): *Trade Yearbook*. Genf, verschiedene Jahrgänge

Reis: Importe der wichtigen Weltregionen (in 1 000 Tonnen geschälten Reises)

	1934-36	1954-56	1959-61	1964-66	1969-71	1974-76	1978-80	jährliches Wachstum 1959 - 1980 (in Prozent)
Asien [1]	6 774	3 601	3 896	5 196	4 561	5 674	4 538	0,9
Afrika	348	317	534	774	889	928	2 095	7,0
Mittlerer Osten	50	147	343	402	461	958	1 726	8,6
Westliche Hemisphäre [2]	433	297	358	564	506	678	1 023	5,1
Europa	1 433	647	966	909	928	1 213	1 661	3,4
UdSSR	40	385	403	292	327	266	580	3,7
Welt	9 078	5 394	5 419	7 735	7 672	8 764	11 623	3,2
Asiens Weltanteil (in Prozent)	75	67	72	67	59	65	39	–

Die genannten Zahlen sind Mittelwerte der jeweiligen drei Jahre.
1) einschließlich Ozeanien
2) einschließlich Nord-, Zentral- und Südamerika
Quelle: FAO (Hg): *Trade Yearbook*. Genf, verschiedene Jahrgänge

Reis: Weltproduktion

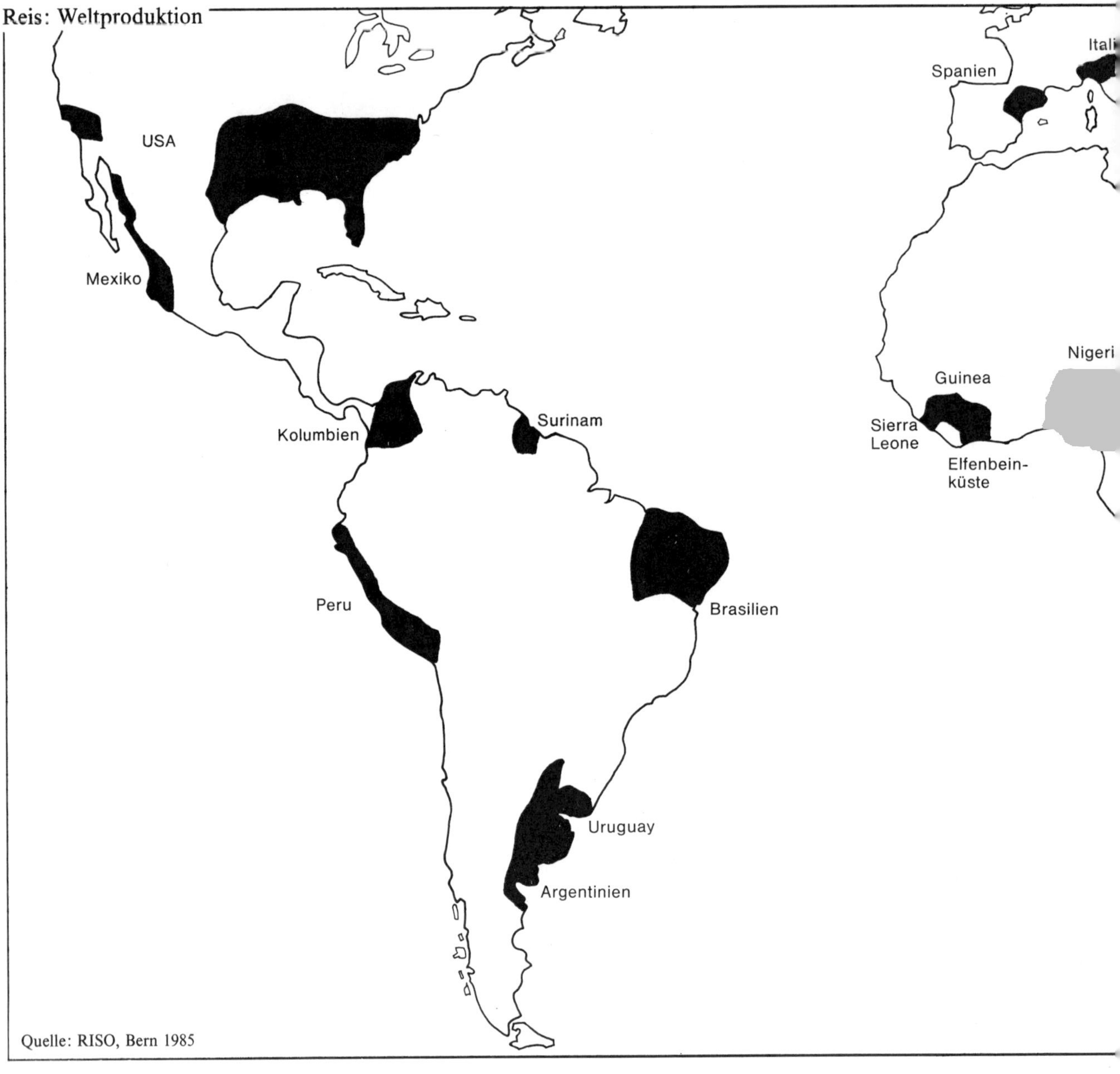

Quelle: RISO, Bern 1985

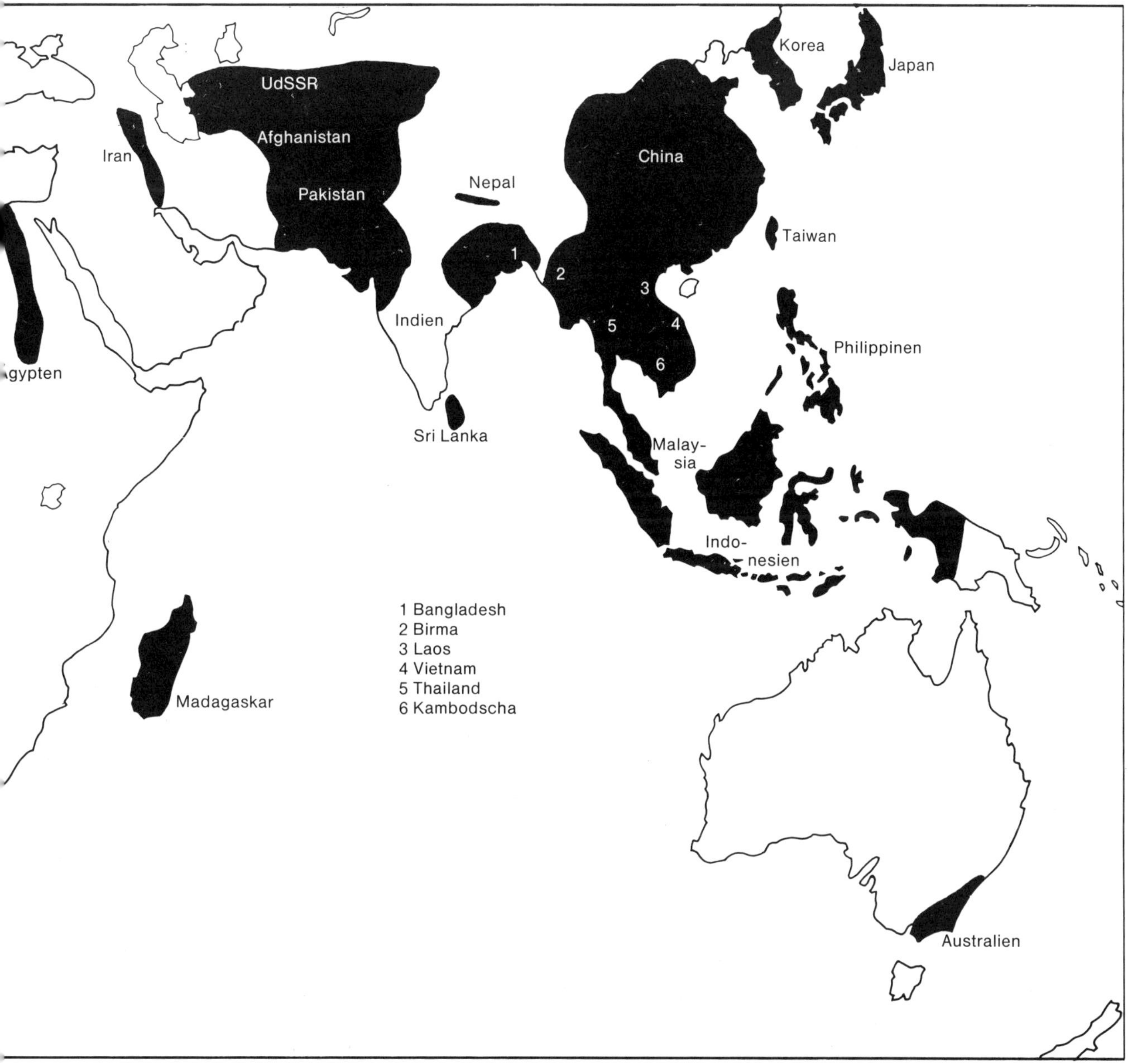
UdSSR
Afghanistan
Pakistan
Iran
Nepal
China
Korea
Japan
Taiwan
Indien
Sri Lanka
gypten
1
2
3
4
5
6
Philippinen
Malay-
sia
Indo-
nesien
Madagaskar
Australien
1 Bangladesh
2 Birma
3 Laos
4 Vietnam
5 Thailand
6 Kambodscha

besonders die Erschließung neuen Reislandes zu begünstigen. Behördliche Interventionen auf dem Markt unterblieben. Die höchsten Investitionen leistete in der ersten Periode des internationalen Reishandels Birma, das denn auch bis zum Zweiten Weltkrieg nahezu zwei Drittel der südostasiatischen Reisexporte tätigte. In den ersten Jahrzehnten des 20. Jahrhunderts begannen die asiatischen Märkte die europäischen zu überflügeln, so daß bereits nach dem Ende des Ersten Weltkrieges 80 Prozent der gesamten Reisexporte in Asien blieben.

Nach dem Zweiten Weltkrieg bot der Reisweltmarkt ein erheblich anderes Bild. Vietnam und Birma hatten ihre Hauptrolle als Reisexporteure ausgespielt, andererseits waren China und – in weniger bedeutendem Ausmaß – auch Pakistan von Importeuren zu Exporteuren geworden. Birma hatte in den späten sechziger und frühen siebziger Jahren versucht, den inländischen Reispreis unter Weltmarktniveau festzuhalten, und damit den Kollaps seiner Reisexporte provoziert. Trotzdem gehört Birma nach wie vor zu den wichtigen Reisexporteuren. Für die Deltaländer des südostasiatischen Festlands wirkten sich im übrigen die neuen schnellwüchsigen Züchtungen nicht sonderlich günstig aus, da sie auf Bedingungen hinsichtlich einer kontrollierten Bewässerung angewiesen waren, die in den Überflutungsgebieten der großen Flüsse nicht gegeben waren. Trotzdem gelang es Thailand, seine dominante Rolle als Exporteur zu behaupten.

Neben den asiatischen Ländern begannen nun auch neue, außerasiatische Länder auf dem Reisweltmarkt eine wichtige Rolle zu spielen: Die USA wurden zum Großexporteur, der Mittlere Osten und Afrika zu Großimporteuren. Die fünf wichtigsten Reisexportländer Birma, China, Pakistan, Thailand und die USA bestreiten rund 70 Prozent des gesamten Weltexportes. Der Anteil Asiens ist allerdings durch das Wachstum der US-Exporte seit dem Zweiten Weltkrieg um etwa 30 Prozent gesunken. Auch bei den Importen hat sich seit dieser Zeit eine deutliche Verlagerung ergeben: Während vor 1945 Asien und Europa zusammen mehr als 90 Prozent und bis 1960 noch immer drei Viertel aller Importe tätigten, nahmen in jüngerer Zeit die Importe aus dem Mittleren Osten, Afrika und Südamerika rapide zu.

Der Hauptanteil des international gehandelten Reises besteht aus Mittel- und Langkornreisen der *indica*-Varietäten, die besonders in Süd- und Südostasien beliebt sind. Die auf dem europäischen Markt erhältlichen Sorten kommen vorwiegend aus den USA, ein kleiner Teil – Siam Patna – aus Thailand, Spezialitäten auch aus China und Indien. Der Weltmarkt für die rund- oder kurzkörnigen *japonica*-Varietäten, die in weiten Teilen Ostasiens – in Japan, Korea, Taiwan und im China nördlich des Yangzi – und anderen temperierten Klimazonen der Welt angepflanzt werden, ist vergleichsweise viel kleiner. Obwohl die Hauptanbaugebiete im Fernen Osten liegen, kommt der bei uns bekannte Rundkornreis – Originario und Camolino – zur Hauptsache aus Italien. Parboiled-Reise machen nur etwa 10 Prozent des Handels aus, Klebreise sind noch unbedeutender. Die Qualität des Reises wird im weiteren nach dem Anteil zerbrochener Körner abgestuft: So verkaufen sich beispielsweise Reise mit 25 Prozent zerbrochenen Körner um ein Drittel bis ein Viertel weniger gut als hochgradige Qualitäten mit nur 5 Prozent oder weniger Bruchreis.

Die starke Differenzierung im Produktangebot und das Fehlen eines integrierten Reismarktes haben dazu geführt, daß es für Reis – anders als beispielsweise für Weizen – keinen durchschnittlichen Weltmarktpreis gibt. Durch klimatische Einflüsse und Schädlingsbefall ist die Versorgung des Marktes unregel-

Reis: Weltproduktion (in Hektar und Millionen Tonnen)

Saison	Anbaufläche	Ertrag [1]	Produktion unbearbeitet	Produktion geschält
1961/62	115,7	1,86	215,7	147,3
1962/63	119,6	1,91	228,2	155,2
1963/64	121,5	2,05	248,4	169,1
1964/65	125,3	2,12	265,6	180,8
1965/66	124,0	2,05	254,2	173,3
1966/67	125,7	2,09	262,5	179,3
1967/68	127,0	2,19	277,8	189,4
1968/69	128,7	2,23	287,0	195,6
1969/70	131,4	2,25	295,5	201,6
1970/71	132,7	2,36	313,5	213,6
1971/72	134,9	2,35	317,5	216,4
1972/73	132,7	2,31	307,2	209,6
1973/74	136,6	2,45	334,7	228,0
1974/75	137,9	2,41	332,0	226,3
1975/76	143,0	2,51	358,6	244,0
1976/77	141,5	2,46	348,3	237,0
1977/78	143,5	2,58	370,0	251,7
1978/79	144,2	2,69	387,6	264,3
1979/80	141,5	2,67	378,6	258,7
1980/81	144,7	2,76	398,9	271,6
1981/82	144,9	2,86	414,4	281,6
1982/83	140,6	2,99	420,8	286,5
1983/84	144,3	3,15	453,8	308,6
1984/85	144,4	3,25	468,7	319,0
1985/86	144,9	3,24	469,0	319,1
1986/87 [2]	145,1	3,22	467,1	317,9
1987/88 [3]	142,1	3,14	446,2	304,1

1) unbearbeiteter Reis
2) vorläufig
3) erwartet
Quelle: *United States Department of Agriculture,* Washington

Reis: Exporte (in 1 000 Tonnen)

Länder	1984	1985	1986	1987	Mai 1988	Juni 1988
Ägypten	50	16	92	105	100	100
Argentinien	115	165	150	150	160	160
Australien	370	450	400	350	400	500
Birma	727	450	636	467	300	150
China	1 168	1 010	950	1 000	1 100	1 100
EG	763	885	1 136	988	1 045	1 045
Guyana	47	35	35	35	35	35
Indien	200	200	200	350	200	200
Indonesien	0	392	220	100	0	0
Japan	102	0	0	0	0	0
Nord-Korea	250	250	250	250	250	250
Nepal	20	50	0	0	0	0
Pakistan	1 050	962	1 146	1 226	1 100	1 100
Taiwan	210	40	169	240	225	225
Thailand	4 528	3 993	4 338	4 345	2 200	2 700
Uruguay	155	231	246	190	200	200
USA	2 129	1 906	2 401	2 444	2 600	2 600
Vietnam	150	50	50	50	50	50
Insgesamt	12 034	11 085	12 419	12 290	9 965	10 415
Andere Länder	524	380	333	431	480	480
Gesamt	12 558	11 465	12 752	12 721	10 445	10 895

Quelle: *United States Department of Agriculture*, Washington

mäßig, die Preise schwanken, und die Unsicherheit über die Vertragspolitik der großen Händler ist beachtlich. Der Reisweltmarkt ist, wie es 1985 Fachleute ausdrückten, von einer "Aura des Geheimnisvollen" umgeben und im Hinblick auf seine Struktur und Funktion nur schwer zu fassen. Beherrscht wird er durch einige wenige große Exporteure in Thailand, den sogenannten "sechs Tigern". Die Reishändler treffen sich wöchentlich in Bangkok, um – basierend auf den jeweils jüngsten Verkäufen – einen "Preis" für verschiedene Qualitäten auszuhandeln. Was nicht durch ihre Hände geht, wird in der Regel im Rahmen von Regierungsabkommen festgelegt, die mehr als 50 Prozent des internationalen Reishandels einbinden.

Da fast die gesamte Bevölkerung der asiatischen Produzentenländer direkt oder indirekt von Erfolg oder

Reis: Importe (in 1 000 Tonnen)

Länder	1984	1985	1986	1987	Mai 1988	Juni 1988
Bangladesh	588	246	90	746	300	300
Brasilien	0	400	1 250	200	0	0
China	100	100	250	400	200	200
EG	1 246	1 259	1 343	1 108	1 070	1 070
Elfenbeinküste	320	162	351	425	200	200
Indien	560	10	10	5	200	600
Iran	730	600	450	1 000	550	550
Irak	490	475	500	550	450	550
Kanada	115	115	120	120	125	125
Süd-Korea	7	0	0	0	0	0
Kuba	184	200	200	200	200	200
Kuwait	80	90	90	90	90	90
Malagasy	99	170	150	125	70	70
Malaysia	437	480	300	280	350	350
Mexico	168	165	5	0	0	0
Nigeria	400	360	320	400	300	300
Osteuropa	366	285	290	290	280	280
Peru	48	5	186	210	200	200
Philippinen	212	528	150	0	200	250
Saudiarabien	530	500	500	500	500	500
Senegal	375	350	345	355	335	335
Sri Lanka	40	195	220	100	200	200
Südafrika	186	178	190	200	175	175
Syrien	130	130	130	120	100	100
UdSSR	150	150	200	200	150	150
V.A. Emirate	120	130	135	150	150	150
Vietnam	300	400	500	450	400	400
Insgesamt	7 981	7 683	8 275	8 224	6 795	7 345
Andere Länder	3 775	3 142	3 738	3 404	3 443	3 443
Ohne Belege [1]	802	640	739	1093	207	107
Gesamt	12 558	11 465	12 752	12 721	10 445	10 895

1) Exporte, deren Herkunft die Importländer nicht nachweisen können
Quelle: *United States Department of Agriculture,* Washington

Mißerfolg der Reisernten betroffen ist und auch die Löhne im wesentlichen durch den Preis bestimmt werden, für den die Arbeitnehmer Reis kaufen können, sind viele Regierungen dazu übergegangen, der Erlangung der nationalen Selbstversorgung mit Reis absolute Priorität zu verleihen, sie zu garantieren und die inländische Preisstabilität zu kontrollieren und zu erhalten.

Jüngste Entwicklungen

Weltproduktion

Die Weltproduktion 1987/88 wird auf 304,1 Millionen Tonnen geschälten und polierten Reises veranschlagt. 1988/89 wird sie voraussichtlich auf 325 Millionen Tonnen ansteigen – 7 Prozent mehr als in der vorherigen Periode. Der Anteil der USA wird auf 5 Millionen Tonnen geschätzt, was einer Steigerung um 23 Prozent gegenüber der Periode 1987/88 mit 4,1 Millionen Tonnen entspricht.

Importländer

Indien hat mit Thailand eine Vereinbarung getroffen, 500 000 Tonnen weißen Reis zu kaufen: 400 000 Tonnen mit 25 Prozent Bruchreis und 100 000 Tonnen mit einem Anteil von 15 Prozent Bruchreis zu ungefähr 243 bis 248 US-Dollar pro Tonne (FOB). Indien wird damit im Kalenderjahr 1988 insgesamt rund 600 000 Tonnen Reis importieren. Die Ankäufe sind von der indischen Regierung in Erwartung günstigerer Preise lange hinausgezögert worden.

Vom Irak werden Importe in einem Umfang von 550 000 Tonnen Reis erwartet; Exportländer sind die USA und Thailand. Die Käufe wurden vom ersten ins zweite Jahresviertel verlegt, da die Preise in den USA hoch waren und andere Exportländer keine Kredite zur Verfügung stellten. Die Philippinen haben ihre Importe im Jahr 1988 auf 250 000 Tonnen erhöht.

Exportländer

Von Thailand wird eine Erhöhung der Exporte auf 2,7 Millionen Tonnen erwartet. 500 000 Tonnen Reis gehen im Rahmen eines Regierungsabkommens nach Indien.

Birmas Exporte werden voraussichtlich auf 150 000 Tonnen sinken und damit den tiefsten Stand seit 15 Jahren erreichen.

Australien hingegen wird mit 500 000 Tonnen infolge ausreichender Reismengen und starken weltweiten Importbedürfnissen seine Exporte vergrößern können.

Bangladesh	Staatsmonopol
Birma	Staatsmonopol *(Myanma Export-Import-Corporation)*
China	Staatsmonopol *(China National Cereals, Oils, Foodstuffs Import-Export-Corporation)*
Hongkong	Importeure benötigen eine Konzession. Die Importquoten werden vierteljährlich von der Kronkolonie festgelegt.
Indien	Staatsmonopol *(Food Corporation of India)*
Indonesien	Staatsmonopol (BULOG)
Japan	Staatsmonopol
Korea	staatliche Kontrolle (Ministerium für Agrarkultur und Forstwirtschaft)
Malaysia	staatliche Kontrolle *(National Padi and Rice Authority)* Private Importeure benötigen eine Konzession, unterliegen einer Quotenregelung und sind verpflichtet, eine bestimmte Menge Reis von der Regierung aufzukaufen.
Pakistan	Staatsmonopol auf hochwertigen Basmati-Reis *(Trading Corporation of Pakistan)*, staatliche Kontrolle für Exportreise minderer Qualität durch Konzessionierung privater Handelsfirmen. Seit 1972 bestehen Exportzölle.
Sri Lanka	Staatsmonopol
Thailand	staatliche Kontrolle. Für privatwirtschaftlichen Handel ist eine Exporterlaubnis erforderlich. Maßnahmen wie Reis-Prämien und Quotierungen sind abhängig sowohl von einheimischen als auch von Weltmarktbedingungen.
USA	Keine Kontrolle des privaten Handels. Vor 1973 sah die Warenkreditgesellschaft *(Commodity Credit Corporation)* Export-Subventionen für den Fall vor, daß der Weltmarktpreis unter das Niveau von Einkaufspreis und Lagerkosten fiel. Gegenwärtig sind solche Interventionen beschränkt auf Angebotsreis - mit günstigen Kredit-Laufzeiten - oder auf eine Reisversorgung im Rahmen internationaler Hilfsprogramme.
Vietnam	Staatsmonopol

Die Übersicht verdeutlicht, daß der Welthandel mit Reis vor allem in den asiatischen Reisbauländern in hohem Maße von staatsmonopolistischen Direktiven abhängig ist.
Quelle: FAO, Genf 1977

Rezeptauswahl

Zubereitung

Für westliche Reisesser ist das Nachkochen asiatischer Reisspezialitäten einfacher geworden, da heute mehrere geeignete Reissorten in Packungen oder offen zum Verkauf angeboten werden und auch Gewürze und Zutaten in reicher Auswahl vorhanden sind. Neben aromatischen Tafelreisen aus Indien und Bangladesh (Basmati) und Langkornreisen aus China und Thailand (Parfüm-Reis) erhält man fast überall den aromatisch zwar ärmeren Patna-Langkornreis aus Thailand, der sich aber durchaus für Reisgerichte eignet, die mit Gewürzen und Geschmackszutaten zubereitet werden. Ungeeignet sind jedoch die körnigen amerikanischen Parboiled-Langkornreise.

Weißer Reis wird in Asien auf drei Arten zubereitet, nachdem zunächst Staub und Schmutz durch kurzes Waschen in kaltem oder lauwarmem Wasser entfernt worden sind:

Kochen

Auf zwei Tassen Reis werden drei Tassen Wasser in den Topf gegeben, zum Kochen gebracht und 15 bis 20 Minuten lang auf kleinem Feuer gesiedet. Gerührt wird nicht häufiger als ein- bis zweimal, von Zeit zu Zeit jedoch der Deckel abgehoben. Salz braucht nicht hinzugefügt werden, da alle Zutaten genügend gewürzt sind.

Sieden und Dämpfen

Der Reis wird in einen kegelförmigen Flechtbehälter oder siebartigen Reiskocher gegeben, die in den mit siedendem Wasser gefüllten Topf gestellt werden. Hier bleibt der Reis zehn Minuten zugedeckt bei kleinem Feuer hängen. Dann wird ein Teil des Wassers abgegossen, so daß der Reis weitere 15 Minuten nicht mehr im Wasser, sondern im Dampf gar dünsten kann.

Dämpfen

Wer auf traditionelle Weise etwas körnigeren Reis erhalten will, legt ihn zunächst eine halbe Stunde in Wasser, gießt dieses ab und spült nochmals kurz mit frischem Wasser. In einem Flechtbehälter oder Reiskocher wird der Reis über siedendes Wasser gehängt,

Reisgerichte für Götter und Menschen

mit einem Tondeckel verschlossen und 17 bis 20 Minuten lang gedämpft – die balinesische Hausfrau erkennt den richtigen Zeitpunkt am Klang des Reises, auf den sie mit der flachen Hand mehrmals klopft. Nun wird der Reis in einem Becken zu etwa zwei Dritteln seines Volumens mit heißem Wasser getränkt. Ist das Wasser aufgesogen, so wird er nochmals rund 45 Minuten im Flechtbehälter weiter gedämpft, bis die Körner gar sind.

Reisgerichte

Nasi Goreng · Gebratener Reis

(für 4 Personen)
2 Teetassen Reis
1 Zwiebel
2 Knoblauchzehen
2 Teelöffel Sambal Ulek
2 Messerspitzen Krabbenpaste
250 Gramm Rinderbraten
Sojasauce
50 Gramm Krabben
1 Ei
4 Eßlöffel Öl
50 Gramm Schinken
Salz

Den Reis – wie im Text beschrieben – kochen, abkühlen lassen und eventuell mit einer Gabel lockern. In der Zwischenzeit die feingehackte Zwiebel und die Knoblauchzehen mit dem Sambal Ulek und der Krabbenpaste kurz braten. Das in kleine Scheiben geschnittene Fleisch hinzugeben, salzen und noch einige Minuten braten. Nach Belieben mit Sojasauce abschmecken. Auf kleinem Feuer die Krabben und den abgekühlten Reis untermischen und kurz weiterbraten.
Das Ei mit etwas Salz schlagen, und in einer mit Öl sparsam eingefetteten Pfanne Omeletts backen.
Das *Nasi goreng* mit den schmalen Schinkenstreifen und den feingeschnittenen Omeletts garniert servieren.

Varianten
– Statt Rinderbraten kann auch Kalb-, Schweine- oder Hühnerfleisch verwendet werden.
– Die Krabben lassen sich auch getrennt in Butter braten.
– Paprika- oder Sojasauce geben dem Gericht neben der spezifischen Geschmacksnote eine rötliche beziehungsweise bräunliche Färbung. Für Gaumen, die scharfe Speisen gewöhnt sind, läßt sich diese Wirkung auch durch reichlich gemahlene Pfefferschoten erzielen.

Nasi kuning · Gelber Reis

(für 6 Personen)
3 Teetassen Reis
2 Teetassen Kokosmilch
1 kleine, geviertelte Zwiebel
1 Teelöffel Gelbwurz
2 indonesische Lorbeerblätter
1 Stück Zitronenschale
Salz

für die Garnierung:
Omeletts
Zwiebeln
rote Pfefferschoten

Den gut gespülten Reis mit den übrigen Zutaten kochen, bis der Reis die gesamte Flüssigkeit aufgenommen hat. Im Reiskocher – wie im Text beschrieben – weitere 15 bis 20 Minuten dämpfen.
In der Zwischenzeit die Garnierung vorbereiten: Die Omeletts backen und in feine Streifen schneiden, die Zwiebeln ebenfalls backen. Die Pfefferschoten entkernen und nur kurz in Öl backen, damit sie ihre rote Farbe behalten.
Die Lorbeerblätter und die geviertelte Zwiebel aus dem Reis entfernen, auf einer Platte anrichten und garnieren.

Nasi kebuli · Indischer Reis

(für 6 Personen)
3 Teetassen Reis
1 Suppenhuhn
Öl zum Braten
4 Zwiebeln
2 feingehackte Knoblauchzehen
1 Liter kräftige Fleischbouillon
1 Messerspitze Muskatnuß
2 Gewürznelken
Salz

Das bereits zerteilte Huhn etwa 90 Minuten auf kleiner Flamme in der Fleischbrühe kochen. Die Teile herausnehmen, abtropfen lassen und in heißem Öl von allen Seiten braun braten. Zur Seite stellen.
Im Bratfond eine feingeschnittene Zwiebel und den Knoblauch anbräunen. Den Reis hinzufügen und rühren, damit er nicht anbrennt. 4 bis 5 Tassen der Bouillon hinzugießen. Mit der Muskatnuß und den Gewürznelken würzen und vorsichtig mit Salz abschmecken, da die Fleischbrühe dem Gericht schon einen kräftigen Geschmack gibt. Den Reis auf kleinem Feuer halb gar kochen.
Die Hühnerteile unter den Reis mischen und gar kochen. In einer vorgewärmten Schüssel mit den übrigen, gebackenen Zwiebeln anrichten.

Lemper ajam · Gefüllte Reisrollen

(für 6 Stück)
250 Gramm Klebreis
1 Tasse Kokosmilch
Salz

für die Füllung:
1 Hühnerbrust
1 kleine, feingehackte Zwiebel
1 feingehackte Knoblauchzehe
1 Eßlöffel Öl
1/2 Teelöffel Koriander
1/2 Teelöffel Galangawurzel
1/4 Teelöffel Kumin
2 Messerspitzen Gelbwurz
1 Fingerlänge Zitronengras
1 Messerspitze Zucker
1 Tasse Kokosmilch
Pfeffer, Salz

Das gemeinschaftliche Reismahl

Den gut gespülten Klebreis in einen Reisbehälter geben und – wie im Text beschrieben – im Wasserdampf gar dämpfen, dabei löffelweise die heiße Kokosmilch zufügen.
In der Zwischenzeit die Füllung vorbereiten: Die Hühnerbrust weich kochen und grob hacken. Die Zwiebel und den Knoblauch in dem Öl goldgelb dünsten. Die Hühnerbrust und alle Gewürze hinzugeben, nach Belieben mit Pfeffer und Salz würzen. Kurz von allen Seiten anbraten und mit Kokosmilch ablöschen. Unter ständigem Rühren – damit nichts anbrennt – trocken kochen. Abkühlen lassen, und das Zitronengras herausnehmen.

Die inzwischen abgekühlte Klebreismasse gleichmäßig auf 6 Stück Aluminiumfolie verteilen, die vorher mit Öl eingefettet wurden. Die Füllung ebenfalls gleichmäßig in der Mitte auf dem Klebreis verteilen. Die Folien zusammenrollen und an den Enden verschließen.

Varianten

- Statt des Zitronengrases läßt sich auch ein Stück Schale einer ungespritzten Zitrone verwenden, jedoch keine geriebene Schale.
- Wenn möglich, sollte man die Aluminiumfolie durch Bananenblätter ersetzen; der Geschmack verändert sich so erheblich.
- Die Reisrollen können kalt oder warm als Zwischenmahlzeit gegessen werden. Gut eingewickelt sind sie auch als Mahlzeit für unterwegs geeignet und lassen sich auf dem Grill oder über offenem Feuer erhitzen.

Zeittafel

Ursprung und Geschichte des Reisbaus

5000 vor Christus	Erste Kultivierung im Delta des Yangzi durch prächinesische Bevölkerung
4750 bis 3650	Ausbreitung der domestizierten Reispflanze in der Yangzi-Flußebene und in den Provinzen des heutigen Süd-China
2500 bis 2000	Ausbreitung des Trocken- und Naßreisbaus in Yunnan, Sichuan, Nord-Vietnam und Nord-Thailand durch prächinesische Bauern der Chuang (Taikultur) und Yüeh (malayo-polynesische Kultur)
1500	Reisanbau in Indien
300	Einwanderung der Han-Chinesen im heutigen Süd-China
	Auswanderung malayo-polynesischer Ethnien in den indonesischen Archipel. Auslegerboote, Pfahlhäuser, Wasserbüffel, Megalithen, Reisbau.
	Reisexport aus Indien nach Hellas und Rom
100	Intensivierung des Naßreisbaus in Süd-China, Annam, Tongking, auf Java und Bali.
	Pflug mit Eisenschar und Zugtieren, entwickelte Anbau- und Düngemethoden.
300 nach Christus	Intensivierung des Naßreisbaus in Japan: Kinki, Amato
500	Hinduisierung des Reiskults in Indonesien: Bali, Java
600	Reisanbau durch Araber im Nil-Delta
1000	Reisanbau durch Mauren in Spanien
1475	Erste Erwähnung des Reisanbaus in Nord-Italien
1500	Reisanbau auf der Iberischen Halbinsel, in der Camargue und in der Po-Ebene
	Reis gelangt mit Spaniern und Portugiesen nach Südamerika
1646	Reisanbau in Nordamerika: Virginia
1700	Reisexport aus Nord-Italien über die Alpen in mittel- und nordeuropäische Städte
1852 bis 1859	Begründung des Reis-Weltmarktes
	Südostasiatischer Reishandel (Birma, Thailand, Vietnam) mit Europa
1912	Erste bedeutende Reisernten in Kalifornien
1945	Fünf Großexporteure: China, Thailand, Pakistan, USA und Birma
1952	Mechanisierter Naßreis-Anbau in Australien: *Northern Territory*

Quellen

Der Autor stützt sich unter anderem auf die folgenden Veröffentlichungen:

Aass, Lien Pekih und Svein Aass: Rural Change in Suharto's Indonesia: Communal Rights and Harvesting Methods in a Javanese Village. In: Indonesia and Malaysia. Studies on Asian Topics No. 5. Kopenhagen 1983. Seiten 139 bis 175

Adams, D. Inez: The Role of Rice Ritual in Southeast Asia. New York 1950

Andree, R.: Die Plejaden im Mythus und in ihrer Beziehung zum Jahresbeginn und Landbau. In: Globus LXIV/1893. Seiten 362 bis 366

Antlöv, Hans: Tradition and Transition: Harvest and Social Change in Rural Java. In: Nørlund, Irene und andere: Rice Societies. London und Riverdale 1986. Seiten 151 bis 170

Avé, Jan B. und Victor T. King: People of the Weeping Forest: Tradition and Change in Borneo. Leiden 1986

Barker, Randolph, Robert W. Herdt und Beth Rose: The Rice Economy of Asia. Washington 1985

Beets, W.C.: Agriculture in Indonesia in AD 2000. In: Span XXIV/1, 1984. Seiten 24 bis 27

Bertolami, Silvio: Für wen die Saat aufgeht. Pflanzenzucht im Dienste der Konzerne. Basel 1981

Bray, Francesca: The Rice Economies. Technology and Development in Asian Societies. Oxford 1986

Brinker, H. und R. Goepper: Kunstschätze aus China. 5000 vor Christus bis 900 nach Christus. Neuere archäologische Funde aus der Volksrepublik China. Zürich 1980

Brücher, H.: Tropische Nutzpflanzen. Berlin 1977

Burger, Gotthard: Agrare Intensivierungsprogramme in Mittel-Java und Probleme ihrer Realisierung. Geographische Rundschau XXVI/4, April 1975. Seiten 151 bis 161

Cederroth, Sven und Ingela Gerdin: Cultivating Poverty: The Case of the Green Revolution in Lombok. In: Nørlund, Irene und andere: Rice Societies. London und Riverdale 1986. Seiten 124 bis 150

Chang, Te-Tzu: The Rice Culture. In: The Early History of Agriculture. London 1976. Seiten 143 bis 155

Chang, Te-Tzu: The Origin, Evolution, Dissemination and Diversification of African and Asian Rices. In: Euphytica 1976

Chin, S.C.: Shifting Cultivation. A Need for a Greater Understanding. In: The Sarawak Museum Journal XXV/46 (New Series), 1977. Seiten 107 bis 127

Christiansen, Sofus: Shifting Cultivation. Survey of Recent Views. In: Folk Dansk Etnografisk Tidsskrift XXIII/1981. Seiten 177-184

Christiansen, Sofus: Wet Rice Cultivation: Some Reasons Why. In: Nørlund, Irene und andere: Rice Societies. London und Riverdale 1986. Seiten 15 bis 27

Condominas, Georges: Ritual Technology in Mnong Gar Swidden Agriculture. In: Nørlund, Irene und andere: Rice Societies. London und Riverdale 1986. Seiten 28 bis 46

Conklin, Harold C.: The Study of Shifting Cultivation. In: Current Anthropology II/1961. Seiten 27 bis 61

Copeland, E.B.: Rice. London 1924
Eberhard, W.: Untersuchungen über den Aufbau der chinesischen Kultur II: Lokalkulturen im alten China. Teil 2: Die Lokalkulturen des Südens und Ostens. Peking 1942
Delucchi, Vittorio: Integrierter Pflanzenschutz in den Reisfeldern. In: Entwicklung/Développement, Ausgabe 25/1987
Dove, Michael Roger: Swidden Agriculture in Indonesia: The Subsistence Strategies of the Kalimantan Kantu'. Berlin, New York und Amsterdam 1985
Fischer, H.T.: Reispflücken und Reisschneiden in Indonesien. Internationales Archiv für Ethnographie XXXIV. Leiden 1937. Seiten 83 bis 104
Franke, Wolfgang: Nutzpflanzenkunde. Nutzbare Gewächse der gemässigten Breiten, Subtropen und Tropen. Stuttgart 1976
Freeman, J. Derek: Iban Augury. In: Bijdragen tot de Taal-, Land en Volkenkunde CXVII/1916. Seiten 141 bis 167
Freeman, J. Derek: Report on the Iban. London 1970
Freeman, J. Derek: Iban Agriculture: A Report on the Shifting Cultivation of Hill Rice. New York 1980
Geertz, Clifford: Agricultural Involution: The Process of Ecological Change in Indonesia. Los Angeles 1963
Glassburger, Bruce (Hg): The Economy of Indonesia. Ithaca und London 1971
Gourou, Pierre: Riz et Civilisation. Paris 1984
Grigg, D.B.: The Agricultural Systems of the World. An Evolutionary Approach. Cambridge 1974
Grist, O.H.: Rice. London 1975 (5. Auflage)
Groeneveld, Sigmar: Agrarkulturen statt Landwirtschaft: Entwurf einer Perspektive. In: Glaeser, Bernhard (Hg): Die Krise der Landwirtschaft. Zur Renaissance von Agrarkulturen. Frankfurt am Main und New York 1986
Hansen, Gary E. (Hg): Agricultural and Rural Development in Indonesia. Boulder 1981
Hardjono, J.M.: Transmigration in Indonesia. Kuala Lumpur 1977
Hirschberg, Walter und Alfred Janata: Technologie und Ergologie in der Völkerkunde. Ethnologische Paperbacks. Berlin 1980
Institut für Asienkunde (Hg): Südostasien aktuell. Hamburg
King, Victor T.: The Maloh of West Kalimantan: An Ethnographic Study of Social Change among an Indonesian Borneo People. Leiden 1985
Kötter, H., R.O.G. Roeder und K.H. Junghans (Hg): Indonesien. Tübingen und Basel 1979
Leisinger, Klaus M.: Erfolge landwirtschaftlicher Technologien. In: CIBA-GEIGY Magazin IV/1986. Seiten 23 bis 29
Leser, Paul: Entstehung und Verbreitung des Pfluges. Münster 1931
Maas, Alfred: Die Sterne im Glauben der Indonesier. In: Zeitschrift für Ethnologie LXV/1933. Seiten 264 bis 303
Mears, Leon A.: The New Rice Economy of Indonesia. Yogyakarta 1981
Nørlund, Irene, Sven Cederroth und Ingela Gerdin: Rice Societies. Asian Problems and Prospects. Studies on Asian Topics No. 10. London und Riverdale 1986

Ramseyer, Urs: The Art and Culture of Bali. Oxford 1977. Reprint: Singapore, Oxford und New York 1986
Ramseyer, Urs: Kultur und Volkskunst in Bali. Zürich und Fribourg 1977
Ramseyer, Urs: Götterspeise mit Nachgeschmack: Über beseelten und unbeseelten Reis in Bali. In: Mensch, Kultur, Umwelt 1: Rund ums Essen. Basel 1986
Ramseyer, Urs: Nini Pantun: Reisbau und Reiskulte in Bali. Kommentar zum gleichnamigen Videofilm von Urs und Madeleine Ramseyer. Göttingen 1988
Reed, Charles A. (Hg): Origins of Agriculture. Den Haag und Paris 1977
Rehm, Sigmund und Gustav Espig: Die Kulturpflanzen der Tropen und Subtropen. Stuttgart 1984
RISO (Hg): Reis. Bern 1985
Röll, W.: Indonesien. Entwicklungsprobleme einer tropischen Inselwelt. Stuttgart 1981 (2. Auflage)
Rousseau, Jerome: Kayan Agriculture. In: The Sarawak Museum Journal XXV/46, 1977
Ruthenberg, Hans: Farming Systems in the Tropics. Oxford 1980
Sørensen, Per: On the Problem of Early Rice in Southeast Asia. In: Nørlund, Irene und andere: Rice Societies. London und Riverdale 1986. Seiten 267 bis 279
Stoler, A.: Rice Harvest in Kali Loro: A Study of Class and Labour Relations in Rural Java. In: American Ethnologist IV/1977
Swaminathan, M.S.: Rice. In: Scientific American CCL/Januar 1984. Seiten 62 bis 71
Uhlig, Harald: Südostasien – Australisch-pazifischer Raum. Fischer Länderkunde III. Frankfurt am Main 1975
Van der Weijden, Gera: Indonesische Reisrituale. Basel 1981
Völkerkundemuseum der Universität Zürich (Hg): Reis in zwei Bildern. Ausstellungsführer. Zürich o.J.
Werth, E.: Grabstock, Hacke und Pflug. Ludwigsburg 1954
Winkler, H.: Reis. Monographien zur Landwirtschaft warmer Länder III. Hamburg 1926
Wirz, Paul: Der Reisbau und die Reiskulte auf Bali und Lombok. In: Tijdschrift voor Indische Taal-, Land en Volkenkunde LXVII/3 und 4, 1927. Seiten 216 bis 345

Verzeichnis der Fotografien und Abbildungen

Fotografien

Die Aufnahmen auf den Seiten 26 bis 32 stellte freundlicherweise das Fotoarchiv der Kooperation Evangelischer Kirchen und Missionen in Basel zur Verfügung. Die Fotografien der Seiten 17 und 21 verdanken wir der RISO in Bern, die der Seiten 25 und 83 der CIBA-Geigy in Basel. Die Aufnahmen der Seiten 11, 47, 50, 52, 53, 65, 66, 69, 70, 71, 72, 74, 106 und 108 stammen aus dem Museum für Völkerkunde und Schweizerischen Museum für Volkskunde in Basel; die Motive der Seiten 69, 74 und 106 fotografierte Urs Ramseyer, die übrigen Peter Horner.

Abbildungen

Die Illustrationen der Seiten 9, 15, 23, 77, 93 und 105 zeigen bäuerliche Szenen aus dem Buch "Tiangong Kaiwu", das verschiedene Berufe bildlich darstellt und 1670 in China erschienen ist.
Die Abbildungen auf den Seiten 19 und 65 zeichnete Susanne Gisin, Basel.

Karten

Die geographische Grundform der Karten auf den Seiten 12, 37, 39, 42/43, 61 und 96/97 schuf Susanne Gisin aus Basel, die spezifischen Angaben besorgte Rainer Zenz, Wuppertal.

Der Film zum Buch

Nini Pantun - Reisanbau und Reisrituale auf Bali (Indonesien)
Ein Film von Urs und Madeleine Ramseyer

Bewässerung und Bewässerungs-Genossenschaften
Der Empfang des göttlichen Wassers
Das rituelle Öffnen der Erde
Die Anlage von Saatbeeten
Das Säubern, Pflügen, Eggen und Planieren der Felder
Das Versetzen der Jungpflanzen
Die Geburt der göttlichen Reispflanze
Die magische Schädlingsbekämpfung
Rhythmisches Entspelzen der Reiskörner
Das große Fest der Reisschwangerschaft
Die Segnung der Felder
Die Reisblüte
Ritueller Erstschnitt und Ernte
Das Einspeichern
Die Fruchtfolgen
Der Reis der "Grünen Revolution"

Video, etwa 53 Minuten, Farbe, Originalton und Kommentar
Kamera Madeleine Ramseyer-Grüter, Ton Urs Ramseyer
Aufnahme 1980, Veröffentlichung 1988 in Zusammenarbeit mit dem Institut für den wissenschaftlichen Film (IWF), Göttingen

Verkauf und Verleih durch das IWF:
Nonnenstieg 72, D-3400 Göttingen

Interessenten können Videokassetten in allen gängigen Systemen kaufen. Bitte fordern Sie Preislisten und Lieferbedingungen – unter Angabe des Filmtitels – beim Vertrieb des IWF an. Postkarte oder Anruf genügt: Durchwahl (05 51) 202-201

Interessenten aus dem Hochschulbereich können AV-Medien des IWF bis zu 14 Tagen kostenlos behalten; sie übernehmen nur die Versandkosten.

In gleicher Ausstattung

Johanna Skrodzki · Ursula Brunner

Bananen

Konsequenzen des Geschmacks
ca. 100 Seiten mit Fotografien und Abbildungen
ISBN 3-905482-34-7

Bernd Merzenich

Gewürze

Konsequenzen des Geschmacks
80 Seiten mit Fotografien und Abbildungen
sowie einer herausnehmbaren Gewürztabelle
2. überarbeitete Auflage
ISBN 3-905482-16-9

Jochen Hippler

Honig

Von Menschen und Bienen
64 Seiten mit Fotografien und Abbildungen
ISBN 3-905482-02-9

Peter Hadwiger · Jochen Hippler · Helmut Lotz

Kaffee

Gewohnheit und Konsequenz
104 Seiten mit Fotografien und Abbildungen
und 8 Seiten Fototeil
3. abermals überarbeitete Auflage
ISBN 3-905482-45-2

Bernd Merzenich · Al Imfeld
Tee
Gewohnheit und Konsequenz
184 Seiten mit Fotografien und Abbildungen
ISBN 3-905482-07-X

Colonialwaren-Lesebuch
Zusammengestellt von Sibylle Kaminski
Mit einem Inhaltsverzeichnis, einleitenden Texten
und einem Nachwort von Johanna Skrodzki
124 Seiten mit Abbildungen
ISBN 3-905482-25-8

Edition diá
St. Gallen/Köln/São Paulo

Wildreis

Die Ojibway-Indianer im Nordwesten der Provinz Ontario in Kanada führen seit Jahren einen zähen und oft erfolglosen Kampf gegen die Übermacht der euro-kanadischen Kultur: um die Erhaltung ihrer Gemeinschaftsstrukturen und traditionellen Wirtschaftsformen. "Kagiwiosa Manomin", die Produktionsgemeinschaft der Indianer, will der Verfälschung ihres traditionellen Produktes Wildreis durch Züchtungen minderwertiger Qualität in großem Stil in den USA und dem von "gekauften" Indianern und Euro-Kanadiern kontrollierten Wildreis-Handel etwas entgegensetzen. Einige Mitglieder der Wabigoon-Band – ein Klan des Ojibway-Stammes – gründeten 1984 eine genossenschaftlich arbeitende Gruppe, die die Verarbeitung und Vermarktung der nicht für die Selbstversorgung bestimmten Ernteerträge übernimmt. Dies geschieht in Produktionsstrukturen, die von Mitverantwortung geprägt sind und den kulturellen Traditionen entsprechen. Derzeit wird ein Teil des Kagiwiosa-Wildreises über eine Verbrauchergenossenschaft in Ontario verkauft.

Durch den Verkauf ihres Produktes an alternative Handelsorganisationen in Europa hofft "Kagiwiosa Manomin" auf eine Stärkung ihrer Organisation. Gebraucht werden dringend Gelder zum Ausbau des Lagerhauses und für die Ausweitung ihres Zusammenschlusses. Man hofft darauf, daß bei Erfolg auch andere Gemeinschaften weitere Genossenschaften gründen. Die Produzentengruppe will zudem auf die Situation der indianischen Bevölkerung in Kanada aufmerksam machen und dafür sorgen, daß die Seen in ihrem Gebiet wieder sauber werden. Der Wildreis wird über die schweizerische alternative Handelsorganisation OS3 importiert und vertrieben. Den Vertrieb für die Bundesrepublik Deutschland hat die GEPA übernommen, für Österreich die EZA.

GEPA
OS 3
EZA

Mitherausgeberin dieses Buches ist die GEPA/Aktion Dritte Welt Handel.

GEPA, OS 3 und EZA sind drei Import- und Informationsstellen, die von verschiedenen Entwicklungsorganisationen ihrer Länder gegründet wurden. Sie arbeiten mit Selbsthilfegruppen und Genossenschaften von Handwerkern und Kleinbauern und mit einigen staatlichen Organisationen in Afrika, Asien und Lateinamerika zusammen, um deren soziale und wirtschaftliche Entwicklung zu fördern.

Mit Hilfe ihrer Produkte soll auf Probleme dieser Menschen und ihrer Länder aufmerksam gemacht werden, um die Bereitschaft zu einem solidarischen Verhalten zu stärken.

Importiert werden Kaffee, Tee, Gewürze, Honig, Kerzen, Jutetaschen, Wolle, Baumwolle, Seide, Töpfereien, Flechtereien und Schnitzereien, Gewobenes, Geknüpftes, Gestricktes und Gesticktes und Handbedrucktes. Diese Artikel sowie weiteres Informationsmaterial sind in den Dritte Welt Läden und an Ständen von Dritte Welt Gruppen in vielen Ortschaften und Städten erhältlich. Im Mittelpunkt der Arbeit dieser Bewegung steht die Meinungsbildung zu entwicklungspolitischen Themen durch den Verkauf von Produkten aus der Dritten Welt.

Bundesrepublik Deutschland

GEPA-Geschäftsstelle
Talstraße 20, 5830 Schwelm, Telefon (0 23 36) 1 09 67

Regionalstelle Nord
in Werkstatt 3, Nernstweg 32-34, 2000 Hamburg 50, Telefon (0 40) 3 90 90 41
Regionalstelle West
Talstraße 20, 5830 Schwelm, Telefon (0 23 36) 1 09 67
Regionalstelle Mitte
Rathenaustraße 7, 6054 Rodgau-Jügesheim, Telefon (0 61 06) 96 60
Regionalstelle Süd
Sodener Straße 27, 7000 Stuttgart 50, Telefon (07 11) 55 89 12
Regionalstelle Saar
Großherzog-Friedrich-Straße 44, 6600 Saarbrücken 3, Telefon (06 81) 3 04 41
Regionalstelle Bayern
Amperpettenbach 11, 8048 Haimhausen, Telefon (0 81 33) 14 82

Schweiz

OS 3
Byfangstrasse 19, 2552 Orpund, Telefon (0 32) 55 31 55

Österreich

EZA Dritte Welt
Lengfelden 169, 5101 Bergheim, Telefon (06 62) 5 21 78

EZA Warenlager
Obere Amtshausgasse 38, 1050 Wien, Telefon (02 22) 54 34 32
Lengfelden 169, 5101 Bergheim, Telefon (06 62) 5 21 78
(Versand nur von Bergheim aus)
Hadeldorfstraße 12, 6830 Rankweil

EZA Dritte Welt Läden
Obere Amtshausgasse 38, 1050 Wien
Franz-Josef-Straße 15, 5020 Salzburg
Universitätsstraße 3, 6020 Innsbruck